大学1年生のための
基礎数学

中野友裕 [著]

森北出版

●本書の補足情報・正誤表を公開する場合があります．当社 Web サイト（下記）
で本書を検索し，書籍ページをご確認ください．
https://www.morikita.co.jp/

●本書の内容に関するご質問は下記のメールアドレスまでお願いします．なお，
電話でのご質問には応じかねますので，あらかじめご了承ください．
editor@morikita.co.jp

●本書により得られた情報の使用から生じるいかなる損害についても，当社およ
び本書の著者は責任を負わないものとします．

[JCOPY] 〈（一社）出版者著作権管理機構 委託出版物〉
本書の無断複製は，著作権法上での例外を除き禁じられています．複製される
場合は，そのつど事前に上記機構（電話 03-5244-5088，FAX 03-5244-5089,
e-mail: info@jcopy.or.jp）の許諾を得てください．

まえがき

Preface

　前著「大学新入生のためのリメディアル数学」が発行されてから 15 年が経過した．途中，改訂を経て現在に至っているが，幸いこれまでに多くの方に利用していただくことができた．

　執筆当時を思い出してみると，大学入試の多様化，中学・高校での学習指導要領の変更により，かつて理工系の大学入学時には当然身についていた数学の基礎が十分には身についていない学生が増えていたことを背景として，高校数学のすべてについて広く浅く勉強してもらえる教科書を意図していたことを覚えている．これは，見たことも聞いたこともない内容があるならば，少しでもよいから一度経験しておいてもらいたいという考え方からであった．

　一方で前著は，高校数学の全分野を扱っているため，ある程度の基礎知識を前提として記述されていることも事実である．したがって，自学自習で扱うには少しレベルが高い部分もあったように思われる．

　そのような点を踏まえて，前著よりもさらに前段階での学びに適した書籍の執筆依頼を受けた．そこで，これまで多くの学生から質問を受けてきた経験から，とくに重要な項目に絞って解説する形で新たに執筆させてもらうことにした．

　そのようなわけで本書は理工系に限らず，数学の基礎知識や教養としての数学が必要な分野に進学した学生へ向けた内容としている．具体的には，入試で数学を課されずに進学できたが，分野の特性上どうしても数学を避けて通れない経済学部のような，文系に分類される学部新入生，および学び直し（リスキリング）や学び替え（アップスキリング）にともない数学が必要になる学生などにも適した内容にしたつもりである．また，大学入学前の事前学習教材としての利用も想定している．各人の状況に応じて，「学習のガイド」を参考に利用していただきたいと思う．

　最後に，本書執筆のきっかけを与えてくださった森北出版株式会社の宮地亮介氏，内容の確認から校正まで多くの労を割いてくださった菅野蓮華氏には心からの感謝を申し上げたい．とくに，著者がわかりやすく丁寧に書こうとした結果，しつこい文章になっていたものを，菅野氏が明快な表現に改めてくださった．本書は菅野氏の貢献によって完成したと言っても過言ではない．出版するにあたってご協力いただいた多くの方々に感謝するとともに，本書が学生の皆さんの役に立つことを願っている．

2025 年 1 月

著者

Contents

目　次

学習のガイド 1

第 1 章　整式の計算 2
- **1-1** 指数の計算　2
- **1-2** 単項式　3
- **1-3** 多項式　4
- **1-4** 分配法則と式の加減　5
- **1-5** 分数式の計算　6
- 章末問題　7

第 2 章　式の展開 8
- **2-1** 多項式と多項式の乗法　8
- **2-2** 乗法公式①　9
- **2-3** 乗法公式②　10
- **2-4** 置き換えの利用　11
- **2-5** 多項式を含んだ分数式の扱い　12
- 章末問題　13

第 3 章　一次方程式 14
- **3-1** 等式の性質　14
- **3-2** 一次方程式　16
- **3-3** 連立方程式の解法（代入法）　18
- **3-4** 連立方程式の解法（加減法）　20
- 章末問題　22

第 4 章　因数分解 24
- **4-1** 素因数分解　24
- **4-2** 共通因数　25
- **4-3** 因数分解の公式①　26
- **4-4** 因数分解の公式②　27
- **4-5** 置き換えを利用した因数分解　28
- 章末問題　29

第 5 章　平方根 30
- **5-1** 無理数と平方根　30
- **5-2** 平方根の大小と変形　32
- **5-3** 平方根の計算　33
- **5-4** 分母の有理化　34
- 章末問題　35

第 6 章　二次方程式 36
- **6-1** 二次方程式の解　36
- **6-2** 因数分解と二次方程式　37
- **6-3** 解の公式　38
- **6-4** 虚数　39
- **6-5** 二次方程式の解と判別式　40
- 章末問題　41

第 7 章　関数とグラフ 42
- **7-1** 数直線と直交座標　42
- **7-2** 正比例・反比例と関数　43
- **7-3** 一次関数とグラフ　44
- **7-4** 二次関数とグラフ　46
- **7-5** グラフの交点　48
- 章末問題　49

第 8 章　三角比Ⅰ 50
- **8-1** 三角形に関する基本事項　50
- **8-2** 平行線の性質と直角三角形の相似　52
- **8-3** 三角比　54
- **8-4** 三角比の相互関係　56
- 章末問題　58

第 9 章　三角比Ⅱ 60
- **9-1** 円の性質　60
- **9-2** 弧の長さと弧度法　62
- **9-3** 鈍角の三角比と単位円　64
- **9-4** 三角方程式　66
- 章末問題　68

第 10 章　三角比の諸定理と三角関数 ⋯ 70
- **10-1** 正弦定理　70
- **10-2** 余弦定理　71
- **10-3** 加法定理　72
- **10-4** 2 倍角・半角の公式　74
- **10-5** 一般角と三角関数　75
- **10-6** 三角関数のグラフ　76
- 章末問題　77

ii

第11章　指数関数 ･･････････････ 78

11-1 指数の定義　78
11-2 累乗根と指数　79
11-3 指数方程式　80
11-4 指数関数のグラフ　81
11-5 単位と単位変換　82
章末問題　83

第12章　対数関数 ････････････････ 84

12-1 対数の定義　84
12-2 対数の性質　85
12-3 対数方程式　86
12-4 対数関数のグラフ　87
12-5 常用対数と対数軸　88
章末問題　89

第13章　微分法Ⅰ ････････････････ 90

13-1 極限値と無限大　90
13-2 平均変化率と微分係数　91
13-3 導関数　92
13-4 整式の微分法　93
13-5 実数乗の導関数　94
13-6 三角関数の極限と導関数　95
13-7 指数関数・対数関数の導関数　96
章末問題　97

第14章　微分法Ⅱ ････････････････ 98

14-1 接線の方程式　98
14-2 曲線の増減と増減表　99
14-3 高次関数のグラフ　100

14-4 合成関数の微分法　102
14-5 積・商の微分法　104
章末問題　105

第15章　積分法Ⅰ ･･････････････ 106

15-1 不定積分と積分定数　106
15-2 定積分　107
15-3 グラフに囲まれた面積　108
15-4 実数乗の積分　109
15-5 三角関数と指数関数の積分法　110
章末問題　111

第16章　積分法Ⅱ ･･････････････ 112

16-1 置換積分法による不定積分　112
16-2 置換積分法による定積分　113
16-3 部分積分法による不定積分　114
16-4 部分積分法による定積分　115
16-5 定積分の公式　116
章末問題　117

第17章　複素数 ･･･････････････････ 118

17-1 共役複素数　118
17-2 複素数の絶対値と共役複素数の性質　119
17-3 複素数平面　120
17-4 複素数演算の表示　121
17-5 極形式　122
17-6 複素数の乗法と回転　123
17-7 ド・モアブルの定理　124
章末問題　125

演習問題解答 ･･･ 126
さくいん ･･ 150

Guide

学習のガイド

本書は，原則として最初から順番に読み進んでいくことで理解できるように構成されている．ただし，大学新入生の数学力は，高校までに履修した内容によってさまざまであるから，目次を見て明らかにわかる項目は目を通すだけでもかまわない．

各章は次のような構成となっている．

POINT

1-1 **POINT の例**

この枠内のものは，用語・定義・公式などである．用語の意味をしっかり理解し，下の解説の内容をよく読んだうえで使えるようになることが重要である．

解説 ここには POINT で示した内容の具体例や証明，適用における注意事項などを記述する．よくある間違いに対する注意点や，学んでいくうえで役立つ考え方・覚え方も，必要に応じて紹介している．

基本例題 1-1

POINT の内容を使った例題である．下の解答を見る前に，まずは自力で解いてみるのがよい．

演習問題 101

各単元の内容確認のための演習問題である．巻末に解答を掲載しているが，最終的には何も見ずに解けるようになるまで繰り返し訓練してほしい．

>>>>>>>>>>>>>>>> **CHAPTER 1** **章末問題** <<<<<<<<<<<<<<<<

各章の理解度確認のための演習問題である．演習問題と同レベルの難易度なので，演習問題をマスターできた段階で力試しとして用いてほしい．これも巻末に解答を掲載している．

本書を講義で利用する場合は，学問分野・系統において必要な章を任意に取り上げていただくか，中学数学の内容で比較的簡単な部分は2つの章をまとめて1回で実施していただくことで，半期で効率よく学べるようになっている．

自習で利用する場合は，簡単に思える問題でも一度は解いて，記憶違いや誤解がないかを確かめながら読み進めていく形で知識を定着させていくのがよい．

なお，本書の問題は電卓を必要としないものにしている．紙と鉛筆（著者個人としてはボールペンや万年筆のような芯の折れない筆記具を推奨したい）を思う存分使用して解いていってほしい．

CHAPTER 1 整式の計算

POINT 1-1 指数の計算

① 同じ数を掛け合わせた回数を右上に書いて表したものを**指数**という.

▶ $3^2 = 3 \times 3$　　▶ $a \times a \times a \times a \times a = a^5$

② $(2ab)^3$ のように, （　）の外側に指数がある場合は, （　）を指数の回数だけ掛け合わせる.

▶ $(2ab)^3 = (2ab) \times (2ab) \times (2ab) = 8a^3b^3$

③ m, n を自然数（$1, 2, 3, \ldots$）とするとき, 以下の公式が成り立つ.

▶ $a^m a^n = a^{m+n}$　　▶ $(a^m)^n = a^{mn}$　　▶ $(ab)^n = a^n b^n$

解説 ② 指数を計算するときには, 何を繰り返し掛けているのかを正しく読み取ることが重要になる. 指数は「そのすぐ左下にあるものを掛け合わせる回数」と覚えておけばよい.

▶ $(-5)^2$ の場合は, すぐ左下にある（　）を 2 回掛ける. すなわち, $(-5) \times (-5) = 25$.

▶ -5^2 の場合は, すぐ左下にある 5 だけを 2 回掛ける. すなわち, $-5 \times 5 = -25$.

③ 公式を丸暗記するよりも, 指数のルールに従って書き下すほうが早く身につく. 指数を正確に書き下せれば, 入り組んだ指数の式を扱う場合にも対応できるので, 慣れておくのがよい. これらの公式が成り立つことを, 次の例題で見てみる.

基本例題 1-1

次の計算をせよ.

(1) $a^3 \times 3a^2$　　　(2) $(-3ab)^3$　　　(3) $\left(-a^2b^3\right)^3$

解答 (1) $a^3 \times 3a^2 = a \times a \times a \times 3 \times a \times a = 3a^5$ **答**

(2) $(-3ab)^3 = (-3ab) \times (-3ab) \times (-3ab) = -27a^3b^3$ **答**

(3) $\left(-a^2b^3\right)^3 = \left(-a^2b^3\right) \times \left(-a^2b^3\right) \times \left(-a^2b^3\right)$

$\qquad = (-a \times a \times b \times b \times b) \times (-a \times a \times b \times b \times b) \times (-a \times a \times b \times b \times b)$

$\qquad = -a^6b^9$ **答**

📝 演習問題 101

次の計算をせよ.

(1) $(5a)^3$　　　(2) $\left(-3a^3\right)^2$　　　(3) $\left(2a^2\right)^3$　　　(4) $a^4 \times a^6$

(5) $\left(ab^2c\right)^2$　　(6) $\left(a^2b\right)^2 \times \left(ab^2\right)^2$　　(7) $(-2)^4 \times 3a^2$　　(8) $-2^4 \times 3a^2$

POINT 1-2 単項式

① 数や文字をいくつか掛け合わせた式（$2xy^3$ など）を**単項式**という．
② 単項式において文字が 1 種類の場合は，その文字に掛かっている数を**係数**といい，掛け合わされている文字の個数を**次数**という．
③ いくつかの文字が含まれている単項式の係数や次数は，着目する文字を決めて考えればよい．着目した文字の個数が，その単項式の次数である．

解説

② $2x^3$ という単項式を考える．この式には文字が x しかないので，x に掛かっている 2 が係数になる．また，x が 3 回掛け合わされているので次数は 3 となる．

③ $2x^3y^4$ という単項式を考える．この式には x と y の 2 つの文字が含まれているので，係数は着目する文字によって変化する．

▶ x に着目する場合 → x 以外の部分が係数になるので，係数は $2y^4$
▶ y に着目する場合 → y 以外の部分が係数になるので，係数は $2x^3$
▶ x, y 両方に着目する場合 → x, y 以外の部分が係数になるので，係数は 2

また，次数についても，着目する文字によって変化する．

▶ x に着目する場合 → x は 3 回掛かっているので，次数は 3
▶ y に着目する場合 → y は 4 回掛かっているので，次数は 4
▶ x, y 両方に着目する場合 → x は 3 回，y は 4 回掛かっているので，次数は $3 + 4 = 7$

このように，複数の文字で構成された単項式の係数を考えるときは，着目する文字を確認することが大切である．

基本例題 1-2

$2x^2 \times 3y^3$ を計算せよ．また，得られた解について，x に着目したときの係数と次数を求めよ．

解答 $2x^2 \times 3y^3 = 6x^2y^3$ **答**

$6x^2y^3$ について x に着目すると，係数は $6y^3$，次数は 2 **答**

直感的には右図のように考えればよい．

演習問題 102

次の計算をせよ．また得られた解について，x に着目したときの係数と次数を求めよ．

(1) $3 \times x^3 \times y^5 \times 5 \times x^4$
(2) $-2 \times y \times 4 \times x^2$
(3) $(-2x) \times a \times b^2 \times c \times x$
(4) $x \times x \times x \times x \times x$

POINT 1-3 多項式

① 単項式の和で表される式（$2x^2 + 3xy$ など）を**多項式**という．多項式を構成するそれぞれの単項式を，**多項式の項**という．

② 多項式の各項の次数のうち最大のものを，**多項式の次数**という．多項式の次数が n ならば，その式は **n 次式である**という．

③ 多項式において，着目した文字を含まない項を**定数項**という．

④ 単項式と多項式を合わせて**整式**という．整式の中の着目した文字の部分の次数が同じ項を**同類項**という．同類項は 1 つにまとめることができる．

解説 ① $2x^4 - 3x^2y + 4y^2$ を考える．この式は $2x^4 + (-3x^2y) + 4y^2$ のように単項式の和で表せるので，多項式である．この式の場合，$2x^4, -3x^2y, 4y^2$ の 3 つの項がある．

② $2x^4 - 3x^2y + 4y^2$ の次数は，着目する文字によって変化する．

▶ x に着目する場合 → 各項の次数は 4, 2, 0 なので，x の 4 次式
▶ y に着目する場合 → 各項の次数は 0, 1, 2 なので，y の 2 次式
▶ x, y 両方に着目する場合 → 各項の次数は 4, 3, 2 なので，x, y の 4 次式

③ $2x^4 - 3x^2y + 4y^2 - 2$ のように，項の中に着目する文字が入っていないものがあるとき，これを定数項という．定数項も着目する文字によって変化する．

▶ x に着目する場合 → 定数項は x を含まない項だから，$4y^2 - 2$
▶ y に着目する場合 → 定数項は y を含まない項だから，$2x^4 - 2$
▶ x, y 両方に着目する場合 → 定数項は x, y ともに含まない項だから，-2

④ $x^2 + 2xy + 3xy + y^2$ において，文字の部分が同じ $2xy$ と $3xy$ を同類項という．この整式は xy が全部で 5 個になるので，$x^2 + 5xy + y^2$ とまとめることができる．

また，$x^3 + 3x^2 + ax^2 + 5x$ において，「文字 x に着目する」という条件下では $3x^2$ と ax^2 は同類項となり，x^2 が $3+a$ 個になるから，$x^3 + (3+a)x^2 + 5x$ とまとめられる．

基本例題 1-3

右に示す長方形 ABDC の面積 S を x, y の式で表せ．

解答 4 つの長方形の面積 a, b, c, d それぞれを計算すると，
$$a = x^2, \quad b = 3xy, \quad c = xy, \quad d = 3y^2$$
よって，長方形 ABDC の面積は，
$$S = a + b + c + d = x^2 + 3xy + xy + 3y^2 = x^2 + 4xy + 3y^2 \quad \boxed{答}$$

演習問題 103

次の多項式の同類項をまとめよ．また，x に着目したときの多項式の次数を求めよ．

(1) $2x^3 + 5x^2 + 6x^3 - 8x^2 + 4x - 5$
(2) $-3x^2 + 4xy + y^3 - 5xy + 7x^2$
(3) $ax^3 + bx^2y - 3ax^3 - 5bx^2y + cy^5$
(4) $-4xy^2 + 5y^3 + 6xy^2 - 6 - 3y^3$

POINT 1-4 分配法則と式の加減

① 整式を実数倍するときには，整式の各項を実数倍する（**分配法則**）．

▶ $a(b+c) = ab + ac$ ▶ $(a+b)c = ac + bc$

② 2つの整式 A と B の和や差を求めるときは，（ ）をつけてから計算するとよい．

解説 ① 袋の中に $a\,[\mathrm{g}]$ と $b\,[\mathrm{g}]$ のおもりがいくつか入っているとする．この袋が2つある場合に，合計の重さがいくつになるか考えてみよう．

右図の袋に入っているおもりの重さは，$3a + 4b$ である．この袋が2つあれば，合計の重さを求めることは簡単で，$6a + 8b$ となる．これを式で書くと，$2(3a + 4b) = 6a + 8b$ となり，$3a + 4b$ の各項を2倍していることがわかる．すなわち，

$$2(3a + 4b) = 2 \times 3a + 2 \times 4b$$

このように整式を実数倍するときには，整式のすべての項を等しく実数倍して（ ）をはずす（**展開**する）ことができる．このことを分配法則という．分配法則を用いた計算は，右図のように，（ ）の前にある数字を各項に掛けることを機械的に行えばよい．実数倍の係数にマイナスがついているときには，必ずマイナス記号も含めて計算しよう．

$2(3a + 4b) = 6a + 8b$

$-5(6a - 7b) = -30a + 35b$

② 2つの整式 A と B の和 $A + B$ や差 $A - B$ を計算するときは，最初にそれぞれの整式に（ ）をつけて代入するようにしよう．代入した式の計算は，加減記号を $+1$ や -1 と考え，分配法則を用いて（ ）をはずせばよい．以下の例題 (2) で具体例を確認しよう．

基本例題 1-4

(1) $-3(a + 2b)$ を展開せよ．

(2) $A = 3a - 5b, B = 2a - 7b$ であるとき，$A - B$ を計算せよ．

解答 (1) $-3(a + 2b) = (-3) \times a + (-3) \times 2b = -3a - 6b$ **答**

(2) $A - B = (3a - 5b) - (2a - 7b)$
$= (3a - 5b) - 1 \cdot (2a - 7b)$ (注)
$= 3a - 5b - 2a + 7b$
$= a + 2b$ **答**

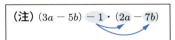

（注）$(3a - 5b) - 1 \cdot (2a - 7b)$

演習問題 104

$A = 2x - 3y, B = 3x - 5y$ であるとき，次の計算をせよ．

(1) $A + B$ (2) $A - B$ (3) $5A + B$ (4) $-3B - 2A$

POINT

1-5　分数式の計算

① 分数では，分母・分子に 0 でない同じ数を掛けても，その分数の値は変わらない．

② 分子が多項式である分数式を考えるときは，計算前に分子に（　）をつけるとよい．

③ 分母または分子に分数を代入するときは，割り算にして計算するか，代入する分数に（　）をつけて**繁分数**（分母や分子がさらに分数になっている分数）にしてから，①を用いて繁分数を分数に直すとよい．

解説　①　ある数値に 1 を掛けても，その値は変わらない．そのことを利用すると，分数の分母を好きなように変換できる．たとえば，

$$\frac{5}{6} = \frac{5}{6} \times 1 = \frac{5}{6} \times \frac{3}{3} = \frac{15}{18}$$

とできる．当然，$\frac{5}{6} = \frac{10}{12}$，$\frac{5}{6} = \frac{25}{30}$ などとしてもかまわない．この性質を用いて，分母が異なる分数の足し算や引き算ができる．

②　分子が多項式になっている分数式では，本来存在する（　）が省略されている．たとえば，$\frac{3x+1}{2}$ という式はもともと，$(3x+1) \div 2 = \frac{(3x+1)}{2}$ である．このような分数式を含んだ式を計算する場合には，最初に（　）をつけ，**分数棒が 1 本になったところでかっこをはずす**という流れを身につけるとよい（→基本例題 **1-5**）．

③　$\frac{3}{x}$ という分数式に $x = \frac{2}{5}$ を代入する場合，次の 2 つの方法がある．

▶割り算にして計算する方法：$\dfrac{3}{x} = 3 \div x = 3 \div \dfrac{2}{5} = 3 \times \dfrac{5}{2} = \dfrac{15}{2}$

▶直接代入し，繁分数にして計算する方法：$\dfrac{3}{x} = \dfrac{3}{\left(\dfrac{2}{5}\right)} = \dfrac{3}{\left(\dfrac{2}{5}\right)} \times \dfrac{5}{5} = \dfrac{15}{2}$

基本例題 1-5

$\dfrac{2x+3}{5} - \dfrac{4x-1}{3}$ を計算せよ．

解答
$$\frac{2x+3}{5} - \frac{4x-1}{3} = \frac{(2x+3)}{5} - \frac{(4x-1)}{3} \quad \left(= \frac{(2x+3) \times 3}{5 \times 3} - \frac{(4x-1) \times 5}{3 \times 5} \right)$$

$$= \frac{3(2x+3)}{15} - \frac{5(4x-1)}{15}$$

$$= \frac{3(2x+3) - 5(4x-1)}{15} = \frac{6x+9-20x+5}{15} = \frac{-14x+14}{15} \quad \boxed{答}$$

✎ 演習問題 105

次の計算をせよ．

(1) $\dfrac{5x-4}{2} + \dfrac{2x+1}{3}$　(2) $\dfrac{2x-1}{4} - \dfrac{2x+3}{3}$　(3) $\dfrac{3x+2}{5} - \dfrac{5x-3}{4}$　(4) $\dfrac{x+5}{2} - \dfrac{2x-7}{10}$

CHAPTER 1 章末問題

106 次の計算をせよ．

(1) 2^5 (2) $(-2)^5$ (3) $\left(\dfrac{1}{3}\right)^3 \times 3^2$ (4) $\left(-\dfrac{2}{3}\right)^2 \times \left(\dfrac{3}{2}\right)^3$

(5) $(3a)^4$ (6) $(-5a^3)^2$ (7) $(-a)^3 \times b^2$ (8) $(-a^2 b)^3$

(9) $(ab)^2 \times (-ab^3)$ (10) $-2a^3 \times (-b^2)^3 \times (-c^2)^2$

107 3つの立方体がある．立方体 A は 1 辺 a，立方体 B は 1 辺 $2a$，立方体 C は 1 辺 $3a$ である．これら 3 つの立方体の体積の合計 V を求めよ．

108 次の計算をせよ．また，得られた解について，x に着目したときの係数と次数を求めよ．

(1) $-2 \times x^2 \times 6 \times x^3$ (2) $a \times b \times x \times 3 \times 4x^3$ (3) $x^2 \times 6x \times ax^3 \times 2b$

109 (1) 右図 A の直方体について体積 V_1 を求めよ．
(2) この直方体を右図 B のように積み上げたときの体積 V_2 を求めよ．

110 次の多項式の同類項をまとめ，x に着目したときの多項式の次数を求めよ．

(1) $3x^3 + 2x^2 + 4x^3 + 5 - 2x^2$ (2) $-x^2 + 5xy + y^3 - 6x^2 - 4xy + 3y^3$

111 右に示す長方形 ABDC の面積 S を x, y, u の式で表せ．

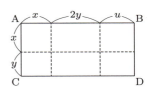

112 $A = 5x - 3y, B = 2y - 4x$ のとき，次の計算をせよ．

(1) $A + B$ (2) $A - B$ (3) $-A + 4B$

(4) $2A + 3B - A - 2B$ (5) $5(2A - B) - 3(3A - 2B)$

113 右図のように a [g] と b [g] のおもりがいくつか入っている 2 つの袋 A と B がある．袋 A を 5 袋，袋 B を 3 袋用意したとき，おもりの合計の重さ m を a, b で表せ．

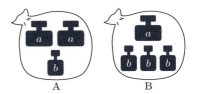

114 次の計算をせよ．

(1) $\dfrac{2x+1}{3} + \dfrac{3x+5}{2}$ (2) $\dfrac{3x-5}{2} - \dfrac{2x+6}{5}$ (3) $-\dfrac{3x-1}{4} - \dfrac{5x-2}{3}$

(4) $\dfrac{-2x+1}{5} - \dfrac{-4x+2}{3}$

115 次の式に（ ）内の値を代入した結果を求めよ．

(1) $\dfrac{2}{x}$ $\left(x = \dfrac{3}{2}\right)$ (2) $\dfrac{5}{x}$ $\left(x = \dfrac{1}{5}\right)$ (3) $\dfrac{3}{2x}$ $\left(x = \dfrac{3}{4}\right)$ (4) $-\dfrac{1}{x}$ $\left(x = -\dfrac{1}{3}\right)$

CHAPTER 2 式の展開

POINT 2-1 多項式と多項式の乗法

① (多項式)×(多項式) を計算するときは，分配法則を繰り返し適用する．

▶ $(a+b)(c+d) = (a+b)(c+d) = ac + ad + bc + bd$

② 分配法則を繰り返し適用するにあたっては，面積の考え方を使うか，1 つの多項式を 1 つの文字に置き換えるとわかりやすい．

解説 多項式の積 $(a+b)(c+d)$ を展開することを考える．$(a+b)(c+d)$ という式は，縦 $(a+b)$，横 $(c+d)$ の長方形の面積を表すから，右図より

$$(a+b)(c+d) = ac + ad + bc + bd$$

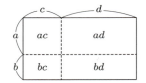

となることがわかる．このように，多項式の積を展開するときは長方形を描くとわかりやすい．あるいは別の方法として，1 つの多項式を 1 つの文字に置き換える方法も覚えておくとよい．たとえば $a+b = A$ と置くと，

$$(a+b)(c+d) = A(c+d) = Ac + Ad$$

となり，A をもとに戻すと，

$$Ac + Ad = (a+b)c + (a+b)d = ac + bc + ad + bd$$

基本例題 2-1

$(x+y)(x-y+3)$ を展開せよ．

解答 $(x+y)(x-y+3) = (x+y)\{x+(-y)+3\}$ と考えて長方形を描くと，右図のようになる．したがって，
$$(x+y)(x-y+3) = x^2 - xy + 3x + xy - y^2 + 3y$$
$$= x^2 - y^2 + 3x + 3y \quad \text{答}$$

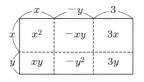

別解 $x+y = A$ と置くと，
$$A(x-y+3) = Ax - Ay + 3A = (x+y)x - (x+y)y + 3(x+y)$$
$$= x^2 + yx - xy - y^2 + 3x + 3y = x^2 - y^2 + 3x + 3y \quad \text{答}$$

演習問題 201

次の式を展開せよ．

(1) $(a+b)(2a+3b)$ (2) $(2a+3)(a-4)$ (3) $(a-b)(2a-b)$

(4) $(x+2y)(x-2y)$ (5) $(2x-3y)(y+x)$ (6) $(x+5y)(x-3y)$

(7) $(x+y+1)(x-2y)$ (8) $(3x-2y)(x-y+5)$ (9) $(3x+4y)(5-x-y)$

POINT 2-2 乗法公式①

▶ $(a+b)^2 = a^2 + 2ab + b^2$ ▶ $(a-b)^2 = a^2 - 2ab + b^2$
▶ $(a+b)(a-b) = a^2 - b^2$ ▶ $(x+a)(x+b) = x^2 + (a+b)x + ab$

解説 前節の長方形の考え方を用いれば (多項式)×(多項式) は比較的容易に展開できるが，さらに長方形（田の字）の縦と横の長さがある条件を満たすときには，上記の乗法公式で機械的に計算できる．乗法公式は使う機会が非常に多いので，なるべく早く慣れるのがよい．

左上と右下が正方形になる場合		右上と左下が打ち消しあう場合	左上だけが正方形になる場合
$(a+b)^2$ $= (a+b)(a+b)$	$(a-b)^2$ $= \{a+(-b)\}\{a+(-b)\}$	$(a+b)(a-b)$ $= (a+b)\{a+(-b)\}$	$(x+a)(x+b)$
$a^2 + 2ab + b^2$	$a^2 - 2ab + b^2$	$a^2 - b^2$	$x^2 + (a+b)x + ab$

基本例題 2-2

$(x+2y)^2$ を展開せよ．

解答 ▶長方形を描く場合

$(x+2y)(x+2y)$
$= x^2 + 4xy + 4y^2$ 【答】

▶乗法公式 $(a+b)^2 = a^2 + 2ab + b^2$ を適用する場合

$a = x, b = 2y$ として，
$(x+2y)^2 = x^2 + 2 \cdot x \cdot 2y + (2y)^2$
$\qquad\quad = x^2 + 4xy + 4y^2$ 【答】

演習問題 202

次の式を展開せよ．

(1) $(x+3y)^2$ (2) $(3x+4y)^2$ (3) $(2x+y)^2$
(4) $(x-2y)^2$ (5) $(4x-y)^2$ (6) $(2x-3y)^2$
(7) $(x+3y)(x-3y)$ (8) $(2x+y)(2x-y)$ (9) $(y-x)(y+x)$
(10) $(x+3)(x+2)$ (11) $(x-5)(x+4)$ (12) $(x-3)(x-4)$

POINT 2-3 乗法公式②

▶ $(a+b+c)^2 = a^2 + b^2 + c^2 + 2ab + 2bc + 2ca$

▶ $(a+b)^3 = a^3 + 3a^2b + 3ab^2 + b^3$　　▶ $(a-b)^3 = a^3 - 3a^2b + 3ab^2 - b^3$

解説　3項式を2乗する場合の公式は，右図のような正方形の面積を考えれば容易に得られる．図から明らかなように，ab, bc, ca は2つずつ出てくる．

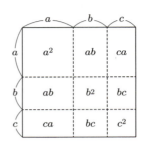

3乗の展開は，そのままでは面積の考え方を使うことができないが，

$$(a+b)^3 = (a+b)(a+b)^2 = (a+b)(a^2 + 2ab + b^2)$$

と変形することで，面積の考え方を使って展開できるようになる（→基本例題 **2-3**）．3乗の乗法公式は頻繁に目にするものではなく忘れやすいが，この方法ですぐに誘導できるようにしておきたい．

基本例題 2-3

$(x+2y)^3$ を展開せよ．

解答　▶長方形を描く場合

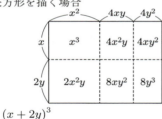

$(x+2y)^3$
$= (x+2y)(x+2y)^2$
$= (x+2y)(x^2 + 4xy + 4y^2)$
$= x^3 + 4x^2y + 4xy^2 + 2x^2y$
$\quad + 8xy^2 + 8y^3$
$= x^3 + 6x^2y + 12xy^2 + 8y^3$　答

▶乗法公式 $(a+b)^3 = a^3 + 3a^2b + 3ab^2 + b^3$ を適用する場合

$a = x, b = 2y$ として，
$(x+2y)^3$
$= x^3 + 3 \cdot x^2 \cdot (2y)$
$\quad + 3 \cdot x \cdot (2y)^2 + (2y)^3$
$= x^3 + 6x^2y + 12xy^2 + 8y^3$　答

演習問題 203

次の式を展開せよ．

(1) $(x+2y+3z)^2$　　(2) $(x+y-z)^2$　　(3) $(2x-3y+z)^2$

(4) $(x+3y)^3$　　(5) $(3x+y)^3$　　(6) $(2x+3y)^3$

(7) $(x-3y)^3$　　(8) $(3x-y)^3$　　(9) $(2x-3y)^3$

POINT

2-4 置き換えの利用

① 項数の多い式どうしの積など，複雑な式を展開したり変形したりするときは，同じ部分を見つけて 1 つの文字に置き換えることで扱いやすくなる場合がある.

② 式の一部をほかの文字に置き換えた場合，もとに戻すことを忘れないこと.

解説 **2-1** で多項式全体の置き換えを使って (多項式)×(多項式) を展開する方法を示したが，置き換えの方法には一部分だけを置き換える方法もある. 以下の例題で見てみよう.

基本例題 2-4

(1) $(x + 2y + 5)(x + 2y - 6)$ を展開せよ.

(2) $(x + y + 5)(x - y + 5)$ を展開せよ.

解答 (1) この問題は，$A = x + 2y + 5$ と置き換えて展開することができるが，両方の（　）の中に $x + 2y$ があるから，これを B と置く方法もある. どちらの方法も使えるようにしよう.

【**解法 1**】$A = x + 2y + 5$ と置くと，

$$(与式) = A(x + 2y - 6) = xA + 2yA - 6A$$

$$= x(x + 2y + 5) + 2y(x + 2y + 5) - 6(x + 2y + 5)$$

$$= x^2 + 2xy + 5x + 2xy + 4y^2 + 10y - 6x - 12y - 30$$

$$= x^2 + 4xy + 4y^2 - x - 2y - 30$$

【**解法 2**】$B = x + 2y$ と置くと，**2-2** の乗法公式が使える.

$$(与式) = (B + 5)(B - 6) = B^2 + (5 - 6)B + 5 \times (-6)$$

$$= B^2 - B - 30$$

$$= (x + 2y)^2 - (x + 2y) - 30$$

$$= x^2 + 4xy + 4y^2 - x - 2y - 30 \quad \boxed{答}$$

(2) (1) の解法 2 と同様に，$C = x + 5$ と置くと，

$$(x + y + 5)(x - y + 5) = (C + y)(C - y)$$

$$= C^2 - y^2$$

$$= (x + 5)^2 - y^2$$

$$= x^2 + 10x + 25 - y^2 \quad \boxed{答}$$

✑ 演習問題 204

次の式を展開せよ.

(1) $(2x + y - 3)(2x + y + 2)$

(2) $(3x - 2y - 1)(3x - 2y + 1)$

(3) $(x + 2y + 1)(2x + 2y + 1)$

(4) $(-x + 3y + 5)(-x + 2y + 5)$

(5) $(2x + y + 5)(2x - y + 5)$

(6) $(x + 3y - 1)(x - 3y - 1)$

2-4 置き換えの利用 **11**

POINT 2-5 多項式を含んだ分数式の扱い

① 分子が多項式である長い分数は，複数の分数の和に分解できる．

$$\frac{4x+5y+6z}{3} = \frac{4x}{3} + \frac{5y}{3} + \frac{6z}{3}$$

② 長い分数のまま約分できるのは，すべての項が同じ数で割り切れるときだけである．

③ 式を逆数にする必要があるときは，通分して分数の横棒が 1 本になった状態の分数にしてから行う．

解説 ① **1-5** で説明したとおり，$\frac{4x+5y+6z}{3} = \frac{(4x+5y+6z)}{3} = (4x+5y+6z) \div 3$ である．ここで $(4x+5y+6z) \div 3 = (4x+5y+6z) \times \frac{1}{3}$ であるから，

$$\frac{4x+5y+6z}{3} = \frac{4x}{3} + \frac{5y}{3} + \frac{6z}{3}$$

となる．さらに第 3 項は $\frac{6z}{3} = 2z$ と約分できる．

② $\frac{4x+10y}{2}$ という式は，右図のように $x\,[\text{g}]$ の分銅 4 個と $y\,[\text{g}]$ の分銅 10 個を 2 等分したものだから，$x\,[\text{g}]$ の分銅は 2 個，$y\,[\text{g}]$ の分銅は 5 個となる．したがって，

$$\frac{4x+10y}{2} = \frac{2x+5y}{1} = 2x+5y$$

と約分することになる．これは①の方法からも示すことができる．

$\frac{6x+8x}{4}$ を約分する場合は，分母と分子を 4 で割り切ることはできないが，分母も分子も 2 で割り切れるので，$\frac{6x+8x}{4} = \frac{3x+4x}{2}$ とすればよい．

③ 分母と分子の値をひっくり返したものを，もとの分数の逆数というが，式を逆数にするときは注意が必要である．いま，$\frac{1}{2} + \frac{1}{3}$ の逆数を考えると，$\frac{2}{1} + \frac{3}{1}$ ではなく，通分した値である $\frac{3+2}{6} = \frac{5}{6}$ をひっくり返した $\frac{6}{5}$ になる．これと同じ理屈で，$\frac{1}{a} + \frac{1}{b}$ の逆数はまず $\frac{1}{a} + \frac{1}{b} = \frac{b}{ab} + \frac{a}{ab} = \frac{b+a}{ab}$ のように通分してからひっくり返すので，$\frac{ab}{b+a}$ となる．

演習問題 205

(1) 次の分数式を約分せよ．

 ① $\dfrac{9x+6y}{3}$ ② $\dfrac{8a-4b+12c}{4}$ ③ $\dfrac{3x+9y-12z}{6}$

(2) 次の式の逆数を求めよ．

 ① $\dfrac{b}{a} + \dfrac{a}{b}$ ② $\dfrac{3y}{x} + \dfrac{5x}{y}$ ③ $\dfrac{2ab}{c} - \dfrac{3c}{ab}$

CHAPTER 2 章末問題

206 次の式を展開せよ．
(1) $(2a+b)(a+2b)$ (2) $(a+5)(3a-2)$ (3) $(a-3b)(5a-2b)$
(4) $(x+4y)(x-2y)$ (5) $(3x-y)(2y+x)$ (6) $(5x+3y)(2x-3y)$
(7) $(x+y+5)(x-3)$ (8) $(3x-y)(x-2y+4)$ (9) $(6x-5y)(3-x-2y)$

207 $(x+5)(2x+a)$ を展開したら，$2x^2+13x+15$ になった．a の値を求めよ．

208 乗法公式を用いて，次の式を展開せよ．
(1) $(x+5y)^2$ (2) $(5x+y)^2$ (3) $(3x+5y)^2$
(4) $(x-5y)^2$ (5) $(5x-y)^2$ (6) $(3x-5y)^2$
(7) $(x+5y)(x-5y)$ (8) $(7x+y)(7x-y)$ (9) $(x-y)(y+x)$
(10) $(x+4)(x+5)$ (11) $(x-6)(x+5)$ (12) $(x-7)(x-1)$

209 下図の正方形について，色のついた部分の面積を a と b の式で表せ．

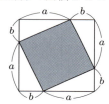

210 次の式を展開せよ．
(1) $(3x+2y+z)^2$ (2) $(x+2y-3z)^2$ (3) $(x-2y+1)^2$
(4) $(x+5y)^3$ (5) $(4x+y)^3$ (6) $(3x+5y)^3$
(7) $(x-5y)^3$ (8) $(4x-y)^3$ (9) $(3x-5y)^3$

211 次の式を展開せよ．
(1) $(a+b)(a^2-ab+b^2)$ (2) $(a-b)(a^2+ab+b^2)$

212 適切な置き換えを利用して，次の式を展開せよ．
(1) $(x+2y-3)(x+2y+2)$ (2) $(3x-y-1)(3x-y+1)$
(3) $(x+3y+4)(2x+3y+4)$ (4) $(-x+5y+2)(-x+y+2)$
(5) $(3x+y+2)(3x-y+2)$ (6) $(x+2y-3)(x-2y-3)$

213 次の分数式を約分せよ．
(1) $\dfrac{12x+16y}{4}$ (2) $\dfrac{9a-3b+15c}{3}$ (3) $\dfrac{2x+6y-10z}{8}$

214 次の式の逆数を求めよ．
(1) $\dfrac{b}{a}-\dfrac{a}{b}$ (2) $\dfrac{4x}{y}+\dfrac{2y}{x}$ (3) $\dfrac{5b}{ac}-\dfrac{2ac}{b}$

CHAPTER 3 一次方程式

POINT 3-1 等式の性質

① 2つの式を等号（=）で結び，左辺と右辺が等しいことを表すものを**等式**とよぶ.

$\blacktriangleright 6 + 3 = 9$　　$\blacktriangleright 2(3a + 4b) = 6a + 8b$

② 等式の中に，わからない数（**未知数**）を含んでいるものを**方程式**という.

$\blacktriangleright x + 3 = 8$　　$\blacktriangleright 2y = 6$

③ 等式の性質

$\blacktriangleright$ 両辺に同じ数を足しても，両辺から同じ数を引いても等式は成立する．これらは**移項**という操作で簡略化できる.

$\blacktriangleright$ 両辺に同じ数を掛けても等式は成立する.

$\blacktriangleright$ 両辺を同じ数で割っても等式は成立する．ただし 0 で割ることはできない.

$\blacktriangleright$ 両辺を逆数にしても，等式関係は崩れない．ただし 0 の逆数は存在しない.

解説　③　「ある数 x に 5 を加えたら 8 になる」という文を式で表すと，

$$x + 5 = 8$$

となる．これは，$x\,[\mathrm{g}]$ の分銅 1 個と 1g の分銅 5 個が載った皿と，1g の分銅が 8 個載った皿で，天秤のバランスがとれているというイメージである．ここで，天秤の両側から 1g の分銅を 5 個ずつ取り除いても，バランスは崩れない．そのことを式で表せば，

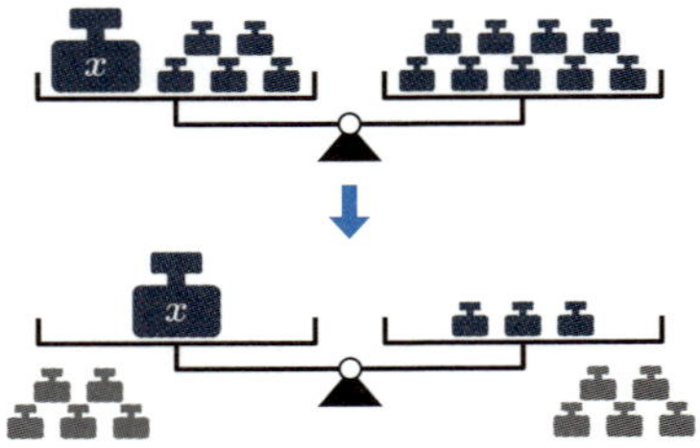

$$x + 5 - 5 = 8 - 5$$

となり，両辺を計算すれば，

$$x = 3$$

が得られる.

このように，方程式の両辺から同じ数を引いても等式関係は崩れない．同じ数を足す場合も同様である．この手順を忠実に記述すると以下のようになる.

$x + 5 = 8$	$a - 3 = 9$	(A)
$x + 5 - 5 = 8 - 5$	$a - 3 + 3 = 9 + 3$	(B)
$x = 8 - 5$	$a = 9 + 3$	(C)
$x = 3$	$a = 12$	(D)

この流れの中でステップ (A) と (C) を比較すると，左辺にある定数項を，符号を変えて右辺に移動しているようになっている．この性質を利用して，ステップ (B) を飛ばして (A) から (C) のように操作することを**移項**という.

次に，ある数 y を 2 個集めたら 6 になる，という文を式で表すと，

$$2y = 6$$

となる．これは，$y\,[\mathrm{g}]$ の分銅が 2 個載った皿と 6 g の分銅が載った皿で天秤のバランスがとれるということである．下図のように左右の分銅を半分にして（2 等分して）1 組だけ残せば，左は $y\,[\mathrm{g}]$，右は 3 g となってバランスは崩れない．すなわち，

$$2y \div 2 = 6 \div 2$$
$$y = 3$$

または

$$2y \times \frac{1}{2} = 6 \times \frac{1}{2}$$
$$y = 3$$

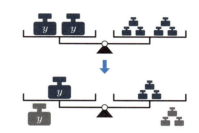

と得られる．この性質は加減乗除すべてに適用できるが，割り算において 0 で割ることはできない点に注意すること．

基本例題 3-1

次の方程式を解け．

(1) $x + 15 = -35$　　(2) $x - 3.2 = 1.6$　　(3) $6x = 4$　　(4) $\frac{1}{3}x = -\frac{3}{4}$

解答 (1) 両辺から 15 を引くと，$x + 15 - 15 = -35 - 15$
よって，$x = -50$　**答**

(2) 両辺に 3.2 を足すと，$x - 3.2 + 3.2 = 1.6 + 3.2$
よって，$x = 4.8$　**答**

(3) 両辺に $\frac{1}{6}$ を掛ける^(注)と，$6x \times \frac{1}{6} = 4 \times \frac{1}{6}$
よって，$x = \frac{2}{3}$　**答**

(注) 両辺を 6 で割ってもよい．

(4) 両辺に 3 を掛けると，$\frac{1}{3}x \times 3 = -\frac{3}{4} \times 3$
よって，$x = -\frac{9}{4}$　**答**

演習問題 301

次の方程式を解け．

(1) $x - 5 = -3$　　(2) $4 + x = 7$　　(3) $\frac{1}{4}x = \frac{5}{6}$　　(4) $3x = 21$

POINT 3-2 一次方程式

① 方程式において，未知数の一次式で表されるものを**一次方程式**という．

$$\blacktriangleright 2x - 5 = 3x + 2 \qquad \blacktriangleright \frac{1}{3}x + 4 = \frac{3}{2}x - 5$$

② 一次方程式の解法は，次の手順に従う．

▶ 左辺に未知数 x を含む項，右辺に定数項を集めて，$ax = b$ の形にする．

▶ 両辺に a の逆数を掛ける．

③ 比の方程式は，方程式を**比の値**（$a:b$ を $a/b = \dfrac{a}{b}$ としたもの）で表して解く．

④ 分母に未知数がある場合は，両辺を逆数にして解く．

⑤ 解を方程式に代入すると，等式が成立する．

解説 ③ $x:6 = 3:9$ のような比の方程式について，

外側どうしの積 ＝ 内側どうしの積

という性質を用いた解法が広く知られている．すなわち

$$x \times 9 = 6 \times 3$$

とするものであるが，なぜこのやり方が可能であるかを説明できる人は少ない．

この方程式で，$x:6 = 3:9$ の両辺の比の値（「：」を「÷」として計算した値）をとると，

$$\frac{x}{6} = \frac{3}{9}$$

となる．ここで両辺に (6×9) を掛けると，

$$\frac{x}{6} \times (6 \times 9) = \frac{3}{9} \times (6 \times 9)$$

すなわち $x \times 9 = 3 \times 6$ となるため，「外側どうしの積 ＝ 内側どうしの積」として解いてかまわないことになる．このように比の方程式の解法は，「比が等しいとき，比の値も等しい」という点がもとになっていることを覚えておこう．

④ $\dfrac{4}{x} = -2$ という方程式を考える．このような場合，方程式の両辺を逆数にしても等式関係が崩れない性質（→ **3-1**）を用いる．$\dfrac{4}{x} = -\dfrac{2}{1}$ として両辺を逆数にすれば，

$$\frac{x}{4} = -\frac{1}{2}$$

となるから，両辺に 4 を掛けて $x = -2$ が得られる．

⑤ 方程式の解とは，等式（方程式）を満たす値のことである．したがって，解をもとの方程式に代入すれば，その等式は必ず成立する．これは当然のことであるが，得られた方程式の解を確認するときにこのことが利用できる．

基本例題 3-2

次の一次方程式を解け.

(1) $3x + 5 = 5(x - 3)$ (2) $5 : x = 6 : 1$

....

解答 (1)
$$3x + 5 = 5x - 15$$
$$3x - 5x = -15 - 5$$
$$-2x = -20$$

両辺に係数 -2 の逆数を掛けると,
$$-2x \times \left(-\frac{1}{2}\right) = -20 \times \left(-\frac{1}{2}\right)$$
$$x = 10 \quad \boxed{答}$$

【解の確認】 解をもとの方程式に代入すると, $(左辺) = 3 \times 10 + 5 = 35$, $(右辺) = 5 \times (10 - 3) = 35$. よって, 等式が成立するので $x = 10$ は正しい解である.

(2) 方程式を比の値で表すと,
$$\frac{5}{x} = 6 \quad \cdots ①$$

等式の両辺を逆数にしても等式関係は崩れないから,
$$\frac{x}{5} = \frac{1}{6}$$
$$\frac{x}{5} \times 5 = \frac{1}{6} \times 5$$
$$x = \frac{5}{6} \quad \boxed{答}$$

【解の確認】 解を方程式①に代入すると,
$$(左辺) = \frac{5}{\left(\frac{5}{6}\right)} = \frac{5 \times 6}{\left(\frac{5}{6}\right) \times 6} = \frac{30}{5} = 6 = (右辺)$$

よって, 等式が成立するので $x = \frac{5}{6}$ は正しい解である.

演習問題 302

次の一次方程式を解け.

(1) $5x - 8 = 2x + 4$ (2) $3x + 4 = -x - 4$ (3) $-6x + 3 = 4x - 17$ (4) $8 - x = 5x$

(5) $9 = 6 - 3x$ (6) $-3 = -6 + \frac{3}{2}x$ (7) $\frac{x}{4} = 9 - \frac{5}{4}x$ (8) $-5x - \frac{3}{2} = \frac{7}{2}$

(9) $6 : x = 3 : 2$ (10) $-8x : 1 = 16 : 3$ (11) $\frac{x}{4} : 2 = 3 : 4$ (12) $4 : 1 = 7 : 3x$

(13) $\frac{5}{x} = \frac{25}{2}$ (14) $\frac{1}{4x} = -\frac{1}{8}$ (15) $\frac{4}{x} + 3 = \frac{9}{2}$ (16) $-4 - \frac{1}{2x} = 2$

POINT

3-3 連立方程式の解法（代入法）

① $2x + y = 5$ のように，未知数が 2 つの一次方程式を二元一次方程式という．

② $\begin{cases} 2x + y = 5 \\ x - 3y = -1 \end{cases}$ のように，複数の方程式が組み合わされているものを**連立方程式**という．求めたい未知数が 2 つのときは，2 つの方程式からなる連立方程式により求めることができる．

③ 連立方程式の解法には，**代入法**と加減法（→ **3-4**）がある．未知数が 2 つのときの代入法は以下の手順で行う．

▶ 1 つの文字について，どちらかの方程式を解く（→ (a) とする）．

▶ 得られた式 (a) を，他方の式に代入して解を求める．

▶ 得られた解を (a) に代入して，もう 1 つの解を求める．

解説

① $2x + y = 5$ という方程式には未知数が 2 つある．このことを二元という．また，この場合の x, y の次数はともに 1 なので，一次方程式となる．したがって，$2x + y = 5$ は二元一次方程式に分類される．

同様の考え方により，$x + 5 = 10$ は一元一次方程式，$x + y + z = 5$ は三元一次方程式と分類できる．

③ 代入法を用いて連立方程式を解く手順は上記のとおりであるが，着目する式や文字によって，以下のようにさまざまな手順が考えられる．どの手順で解いても，最終的な解は同一になる．

x から着目した場合	手順	y から着目した場合
$\begin{cases} 2x + y = 5 & \cdots① \\ x - 3y = -1 & \cdots② \end{cases}$	式に番号を振る	$\begin{cases} 2x + y = 5 & \cdots① \\ x - 3y = -1 & \cdots② \end{cases}$
②を x について解くと，$\quad x = -1 + 3y \quad \cdots③$	片方の文字について解く	①を y について解くと，$\quad y = 5 - 2x \quad \cdots③$
③を①に代入すると，$\begin{aligned} 2(-1 + 3y) + y &= 5 \\ -2 + 6y + y &= 5 \\ 7y &= 7 \\ y &= 1 \end{aligned}$	他方の式に代入して解く	③を②に代入すると，$\begin{aligned} x - 3(5 - 2x) &= -1 \\ x - 15 + 6x &= -1 \\ 7x &= 14 \\ x &= 2 \end{aligned}$
$y = 1$ を③に代入すると，$\begin{aligned} x &= -1 + 3 \times 1 = 2 \\ \therefore (x, y) &= (2, 1) \end{aligned}$	得られた値を③に代入する	$x = 2$ を③に代入すると，$\begin{aligned} y &= 5 - 2 \times 2 = 1 \\ \therefore (x, y) &= (2, 1) \end{aligned}$

18 第 3 章 一次方程式

基本例題 3-3

連立方程式 $\begin{cases} 2x - y = 5 \\ x + 5y = 8 \end{cases}$ を代入法で解け.

解答

【解法 1】 （x から着目した場合）

$\begin{cases} 2x - y = 5 & \cdots① \\ x + 5y = 8 & \cdots② \end{cases}$

②より，

$$x = 8 - 5y \quad \cdots③$$

③を①に代入（③→①と書いてよい）

$$2(8 - 5y) - y = 5$$
$$16 - 10y - y = 5$$
$$-11y = -11$$
$$y = 1$$

これを③に代入して，

$$x = 8 - 5 \times 1 = 3$$
$$\therefore (x, y) = (3, 1) \quad \boxed{\text{答}}$$

【解法 2】 （y から着目した場合）

$\begin{cases} 2x - y = 5 & \cdots① \\ x + 5y = 8 & \cdots② \end{cases}$

①より，

$$-y = 5 - 2x$$
$$y = -5 + 2x \quad \cdots③$$

③→②

$$x + 5(-5 + 2x) = 8$$
$$x - 25 + 10x = 8$$
$$11x = 33$$
$$x = 3$$

これを③に代入して，

$$y = -5 + 2 \times 3 = 1$$
$$\therefore (x, y) = (3, 1) \quad \boxed{\text{答}}$$

COLUMN

数式の記述方法

式の計算や方程式を解くときは，次の 2 点を守るとよい.
① 「＝」の位置は，なるべくそろえる.
② 1 行に「＝」は 1 つとする.

数学の教科書はページ数の関係から必ずしもこのとおりに書かれていないが，手計算の際はこの原則を身につけておきたい. また，数学の場合，ノートを見返すよりも計算の量をこなしたほうが身につきやすいので，コピー用紙を大量に用意して次々と解いていくとよい.

$104 \quad A = 2x - 3y, \ B = 3x - 5y$
$(3) \ 5A + B = 5(2x - 3y) + (3x - 5y)$
$\qquad = 10x - 15y + 3x - 5y$
$\qquad = 13x - 20y$

$202 \ (6) \ (2x - 3y)^2 = (2x)^2 - 2 \cdot 2x \cdot 3y + (3y)^2$
$\qquad = 4x^2 - 12xy + 9y^2$
$\qquad = 4x^2 - 12xy + 9y^2$

$302 \ (6) \quad -3 = -6 + \frac{3}{2}x$
$\qquad -\frac{3}{2}x = -6 + 3$
$\qquad -\frac{3}{2}x = -3$
$\qquad \frac{3}{2}x = 3$
$\qquad \frac{2}{3} \cdot (\frac{3}{2}x) = 3 \times \frac{2}{3}$
$\qquad x = 2$

✎ 演習問題 303

次の連立方程式を解け.

(1) $\begin{cases} x - 3y = 2 \\ 2x + 5y = 15 \end{cases}$

(2) $\begin{cases} 3x - 2y = 1 \\ 2x + y = 3 \end{cases}$

(3) $\begin{cases} -2x + 7y = 3 \\ x + 4y = 6 \end{cases}$

(4) $\begin{cases} x + y = 0 \\ 2x - y = 12 \end{cases}$

(5) $\begin{cases} -x - 3y = -2 \\ 4x + y = -3 \end{cases}$

(6) $\begin{cases} 2x + y = 5 \\ x + 2y = 1 \end{cases}$

POINT

3-4 連立方程式の解法（加減法）

① 連立方程式の未知数が 2 つのとき，一方の係数をそろえたうえで，2 つの方程式を足したり引いたりすることによって解を求める方法を，**加減法**という．

② 係数をそろえる計算では，両辺のすべての項に同じ数を掛ける．第 1 式と第 2 式で違う数を掛けてよい．

③ 方程式の係数などに分数があるときは，最初に分母の最小公倍数を両辺に掛ける（このことを，**分母をはらう**という）とよい．また，小数があるときは両辺を 10 倍，100 倍などしてすべて整数にするとよい．

解説 ① 前節の代入法は，あらゆる連立方程式を解くことができる方法であるが，すべての未知数に係数が掛かっていると分数計算が多くなり，計算も面倒になる．たとえば，

$$\begin{cases} 2x + 3y = 4 & \cdots ① \\ 3x - 4y = 23 & \cdots ② \end{cases}$$

の場合，式①を x について解くと $x = \dfrac{4-3y}{2}$，y について解くと $y = \dfrac{4-2x}{3}$ となる．これは式②からはじめても同様で，これらの x や y を他方の式に代入して計算することは不可能ではないが，手間がかかる．こういった面倒な分数計算を避ける巧みな方法が，加減法である．この例ではまず，①を 3 倍すると，

$$6x + 9y = 12 \quad \cdots ①'$$

次に②を 2 倍すると，

$$6x - 8y = 46 \quad \cdots ②'$$

ここで左辺どうし，右辺どうしを引き算すると，

$$(6x + 9y) - (6x - 8y) = 12 - 46$$
$$17y = -34$$
$$y = -2$$

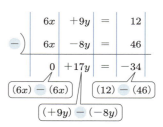

式どうしの引き算

となる．あとは $y = -2$ を①あるいは②に代入して，x を求めればよい．この過程における式どうしの引き算（または足し算）は，上図のような筆算形式での記述が便利である．

② 係数のそろえ方の目安として，どちらの未知数を消去するかを決めたら，その文字の係数（式①と式②）の最小公倍数にそろえるのがよい．上の例では，「x を消去することに決めて，$2x$ と $3x$ の係数を最小公倍数 6 になるようにそろえた」ということである．

③ 係数に分数や小数があるときは，次のように扱うことで計算が容易になる．

$$\dfrac{2}{3}x + \dfrac{1}{4}y = 6 \;\rightarrow\; \left(\dfrac{2}{3}x + \dfrac{1}{4}y\right) \times 12 = 6 \times 12 \;\rightarrow\; 8x + 3y = 72$$

$$0.01x + 0.03y = 0.15 \;\rightarrow\; (0.01x + 0.03y) \times 100 = 0.15 \times 100 \;\rightarrow\; x + 3y = 15$$

基本例題 3-4

連立方程式 $\begin{cases} 2x - y = 5 \\ x + 5y = 8 \end{cases}$ を加減法で解け.

解答

【解法1】（x を消去）

$$\begin{cases} 2x - y = 5 & \cdots ① \\ x + 5y = 8 & \cdots ② \end{cases}$$

②×2 を計算すると，

$$2x + 10y = 16 \quad \cdots ②'$$

①－②′ を計算すると，

$$\begin{array}{r} 2x - y = 5 \\ -)\ 2x + 10y = 16 \\ \hline -11y = -11 \\ y = 1 \end{array}$$

これを②に代入して

$$x + 5 \times 1 = 8$$
$$x = 3$$
$$\therefore (x, y) = (3, 1) \quad \boxed{答}$$

【解法2】（y を消去）

$$\begin{cases} 2x - y = 5 & \cdots ① \\ x + 5y = 8 & \cdots ② \end{cases}$$

①×5 を計算すると，

$$10x - 5y = 25 \cdots ①'$$

①′－② を計算すると，

$$\begin{array}{r} 10x - 5y = 25 \\ +)\ x + 5y = 8 \\ \hline 11x = 33 \\ x = 3 \end{array}$$

これを①に代入して

$$2 \times 3 - y = 5$$
$$y = 1$$
$$\therefore (x, y) = (3, 1) \quad \boxed{答}$$

演習問題 304

(1) 次の連立方程式を解け.

① $\begin{cases} 2x + 3y = 5 \\ 3x + 2y = 10 \end{cases}$ 　② $\begin{cases} 4x - 3y = 0 \\ 2x + y = 10 \end{cases}$ 　③ $\begin{cases} -3x + 2y = -4 \\ 4x - 5y = 3 \end{cases}$

④ $\begin{cases} 2x + 7y = 3 \\ -3x - 4y = -11 \end{cases}$

(2) 次の連立方程式を，分数係数を整数係数にしたうえで解け.

① $\begin{cases} \dfrac{1}{2}x + y = 8 \\ x - \dfrac{1}{2}y = 1 \end{cases}$ 　② $\begin{cases} \dfrac{1}{3}x - \dfrac{2}{3}y = -1 \\ \dfrac{1}{3}x + \dfrac{3}{2}y = 12 \end{cases}$

3-4　連立方程式の解法（加減法）

>>>>>>>>>>>>>>>>>>> **CHAPTER 3** **章末問題** <<<<<<<<<<<<<<<<

305 次の方程式を解け.

(1) $x + 2 = -6$ (2) $3 + x = -5$ (3) $4 - x = 5$

(4) $3x = 18$ (5) $\dfrac{x}{4} = -\dfrac{1}{2}$ (6) $3x - 10 = 8$

(7) $4x + 9 = -3x + 2$ (8) $8 - 5x = 2(2 - 3x)$ (9) $-6 + \dfrac{1}{2}x = -5$

306 x についての方程式 $2ax - 5 = -17 + 3x$ の解が $x = 3$ であるとき，a の値を求めよ.

307 定価 x 円の商品に消費税（定価の 10%）が加わって合計 308 円であった．x の値を求めよ.

308 120 本の缶ジュースを 3 本ずつ x 人に配ったら 6 本残った．x の値を求めよ.

309 次の方程式を解け.

(1) $x : 2 = 6 : 9$ (2) $3 : 5x = 4 : 15$ (3) $12 : 1 = (4x - 24) : 3$

(4) $\dfrac{4}{x} = \dfrac{1}{2}$ (5) $\dfrac{3}{2x} = \dfrac{1}{4}$ (6) $-\dfrac{3}{4} = \dfrac{9}{2x}$

310 x についての方程式 $\dfrac{25}{2x} = \dfrac{x}{a}$ の解が $x = 5$ であるとき，a の値を求めよ.

311 長方形の縦の長さが $x\,[\mathrm{cm}]$ で，横の長さは縦より $5\,\mathrm{cm}$ 長いという．この長方形の周囲の長さが $50\,\mathrm{cm}$ であるとき，x の値を求めよ.

312 $3\,\mathrm{m}$ の紙テープを x 等分したら，1 つの長さが $25\,\mathrm{cm}$ になった．x の値を求めよ.

313 次の連立方程式を代入法で解け.

(1) $\begin{cases} x + 3y = -5 \\ 2x + y = 10 \end{cases}$ (2) $\begin{cases} 2x + y = 8 \\ x - 5y = -7 \end{cases}$ (3) $\begin{cases} 5x + y = 10 \\ -2x - 3y = 9 \end{cases}$

(4) $\begin{cases} -4x + 2y = 0 \\ x + y = 3 \end{cases}$ (5) $\begin{cases} x + y = -2 \\ x - y = 8 \end{cases}$ (6) $\begin{cases} -4x + y = -2 \\ 3x - 2y = -6 \end{cases}$

314 x, y についての連立方程式

$$\begin{cases} ax + by = -3 \\ -3ax + 2by = -16 \end{cases}$$

の解が $(x, y) = (2, 1)$ であるとき，a, b の値を求めよ.

315 2 つの整数 x, y がある．x は y の 2 倍より 1 だけ大きい．また，大きいほうから小さいほうを引くと，その差は 22 になる．このとき，x と y の値を求めよ.

22　第 3 章　一次方程式

316 ある町の人口は 5200 人である．また，65 歳以上の高齢者の人数は，非高齢者の人数の 3 分の 1 であるという．この町の高齢者の人数を求めよ．

317 次の連立方程式を加減法で解け．

(1) $\begin{cases} 4x + 3y = 2 \\ -2x - 5y = 6 \end{cases}$
(2) $\begin{cases} 3x + 10y = 11 \\ -8x + 15y = 54 \end{cases}$
(3) $\begin{cases} 7x - 6y = -2 \\ 6x - 7y = -11 \end{cases}$

(4) $\begin{cases} x - 4y = 2 \\ 3x + 2y = 34 \end{cases}$
(5) $\begin{cases} -3x + 2y = 1 \\ 6x - 5y = -7 \end{cases}$
(6) $\begin{cases} 8x + 3y = 7 \\ -7x + 9y = -41 \end{cases}$

318 x, y についての連立方程式
$$\begin{cases} 4ax - by = 14 \\ -ax + by = 4 \end{cases}$$
の解が $(x, y) = (3, 2)$ であるとき，a, b の値を求めよ．

319 一定の秒速 15 m で走行する長さ x [m] の電車がある．この電車が長さ y [m] のトンネルに入り始めてから完全に抜け出るまでに 150 秒かかった．また，この電車内に座っている人が同じトンネルに入り始めてから完全に抜け出るまでに 140 秒かかった．このとき，電車の長さとトンネルの長さを求めよ．

320 2 種類の濃度の食塩水 A と B がある．A を 200 g, B を 400 g 混ぜると，3% の食塩水 C になった（条件①）．また，A を 400 g, B を 200 g 混ぜると，2% の食塩水 D になった（条件②）．このとき，次の問いに答えよ．

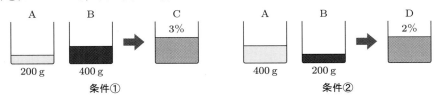

(1) 食塩水 A の濃度を a [%], 食塩水 B の濃度を b [%] とする．条件①のときに食塩水 C に含まれる塩の量を a, b を用いて表せ．
(2) 同様に，条件②のときに食塩水 D に含まれる塩の量を a, b を用いて表せ．
(3) 食塩水 A と B の濃度 a, b [%] を求めよ．

CHAPTER 4 因数分解

POINT 4-1 素因数分解

① ある整数 n について，n を割り切ることができる整数を n の**約数**という．また，2つの整数 m, n の両方を割り切ることができる整数を m, n の**公約数**という．

▶ 12 の約数は 1, 2, 3, 4, 6, 12　　▶ 16 の約数は 1, 2, 4, 8, 16

② 2 以上の自然数で，正の約数が 1 とその数自身のみであるもの $(2, 3, 5, \ldots)$ を**素数**という．ただし，1 は素数ではない．

③ 正の整数は素数の積で表せる．正の整数を素数の積で表すことを**素因数分解**という．

解説　① 12 と 16 の約数を比べると，共通しているものは 1, 2, 4 である．このような 2 つ（以上）の整数に共通する約数を公約数とよび，その中で最大のものを**最大公約数**とよぶ．したがって，12 と 16 の最大公約数は 4 となる．

③ 整数 n の約数になる素数を素因数という．たとえば，180 を素因数分解すると，

$$180 = 2 \times 2 \times 3 \times 3 \times 5 = 2^2 \times 3^2 \times 5$$

となる．素因数分解をするときは，右図のように割り算の筆算をひっくり返したような書き方をして，次々と素因数で割っていき，余りの部分が素数になったところで終了する．すべての割った数と余りの数を掛け算でつなげば，素因数分解が完成する．似たような方法で最大公約数を求める方法もあるので，次の例題で確認しよう．

$$
\begin{array}{r}
2)\overline{\,180\,} \\
2)\overline{\,90\,} \\
3)\overline{\,45\,} \\
3)\overline{\,15\,} \\
5
\end{array}
$$
素因数で割る

基本例題 4-1

60 と 126 をそれぞれ素因数分解せよ．また，60 と 126 の最大公約数を求めよ．

解答　右図の素因数分解を参照して，

$$60 = 2 \times 2 \times 3 \times 5 \left(= 2^2 \times 3 \times 5\right) \quad \boxed{答}$$

$$126 = 2 \times 3 \times 3 \times 7 \left(= 2 \times 3^2 \times 7\right) \quad \boxed{答}$$

$$
\begin{array}{r}
2)\overline{\,60\,} \\
2)\overline{\,30\,} \\
3)\overline{\,15\,} \\
5
\end{array}
\qquad
\begin{array}{r}
2)\overline{\,126\,} \\
3)\overline{\,63\,} \\
3)\overline{\,21\,} \\
7
\end{array}
\qquad
\begin{array}{r}
2)\overline{\,60\quad126\,} \\
3)\overline{\,30\quad63\,} \\
10\quad21
\end{array}
$$

60 と 126 の最大公約数は，上の素因数分解の結果で，共通する素因数を掛ければ得られる．すなわち，共通の素因数である 2 と 3 を掛けて 6　 $\boxed{答}$

別解　上図のように 60 と 126 を並べて，両方を割り切る素因数で次々と割っていき，共通に割れる素因数がなくなったところ（**互いに素**の状態という）で左側の素因数を掛け合わせることで，6 が得られる．

演習問題 401

(1) 10 から 20 までの整数について，素数をすべて挙げよ．

(2) 165 と 210 をそれぞれ素因数分解せよ．また，165 と 210 の最大公約数を求めよ．

POINT 4-2 共通因数

多項式において，それぞれの項に共通して含まれる数や文字を**共通因数**という．共通因数が存在する多項式は，**共通因数でくくる**ことができる．

▶ $5x + 10y = 5(x + 2y)$

解説 因数とは，数や整式を積の形に分解したときの，掛け算を構成するもののことである．たとえば，

▶ $12 = 3 \times 4$ と分解したとき，12 の因数は 3 と 4

▶ $12 = 2 \times 2 \times 3$ と分解したとき，12 の因数は 2 と 2 と 3

▶ $6a^2b = 6 \times a^2 \times b$ と分解したとき，$6a^2b$ の因数は 6 と a^2 と b

であり，約数と同じ意味で考えてよい．因数というときには，必ずしも素因数のような最小のまとまりにまで分解されていなくてもよい．

多項式 $6x^2 + 15xy$ という式において，

▶ $6x^2 = 2 \cdot 3 \cdot x \cdot x$　　　▶ $15xy = 3 \cdot 5 \cdot x \cdot y$

であるから，2 つの項に共通する因数は 3 と x である．すなわち，共通因数は $3x$ になる．第 1 章で学んだ分配法則を逆向きに考え，$ab + ac = a(b + c)$ のように変形すると，共通因数を（　）の前へ出すことができる．

$$6x^2 + 15xy = 3x(2x + 5y)$$

このように式を変形する操作を，共通因数でくくるという．

基本例題 4-2

$18x^2y^2 - 24x^2y + 30xy^2$ を共通因数でくくれ．

解答 まず素因数分解を用いて，共通因数を明らかにする．

▶ 第 1 項　$18x^2y^2 = 2 \cdot 3 \cdot 3 \cdot x \cdot x \cdot y \cdot y$

▶ 第 2 項　$24x^2y = 2 \cdot 2 \cdot 2 \cdot 3 \cdot x \cdot x \cdot y$ (注)

▶ 第 3 項　$30xy^2 = 2 \cdot 3 \cdot 5 \cdot x \cdot y \cdot y$

したがって共通因数は $2 \cdot 3 \cdot x \cdot y = 6xy$ となるから，この共通因数でくくると，

$$18x^2y^2 - 24x^2y + 30xy^2 = 6xy(3xy - 4x + 5y) \quad \text{(答)}$$

(注) 厳密には第 2 項はマイナスが必要であるが，共通因数を考えるときの素因数分解では，符号の正負は問題にならないので考慮しなくてもよい．

✎ 演習問題 402

次の式を共通因数でくくれ．

(1) $x^2 + xy$　　　　　(2) $6x^2 + 9xy$　　　　　(3) $15a^2b^2 - 25ab^3$

(4) $3ax^2 + 6ax + 9ab$　(5) $81x^2 - 27x - 9$　(6) $12x^2y + 20xy^2 - 24y^3$

POINT 4-3　因数分解の公式①

（Ⅰ）$a^2 + 2ab + b^2 = (a+b)^2$,　$a^2 - 2ab + b^2 = (a-b)^2$

（Ⅱ）$a^2 - b^2 = (a+b)(a-b)$

解説　多項式を複数の整式の積で表すことを，**因数分解**という．多項式を共通因数でくくることも因数分解の一種である．

上記の因数分解の公式は，すべて乗法公式（→ **2-2**）の両辺を入れ替えたものである．すなわち，因数分解は展開の逆の操作ということになる．長方形で考えると，展開とは長方形の縦横の長さから面積を求めるものであり，因数分解とは長方形の面積から縦横の長さを決定するものである．上記の3つの式のように，2乗の項が2つあるときは，図のように田の字の左上・右下に2乗の項を記入することで，ただちに縦と横の長さを表す式を決定できる．

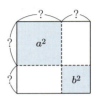

基本例題 4-3

(1) $9x^2 + 24xy + 16y^2$ を因数分解せよ．　　(2) $25x^2 - 36y^2$ を因数分解せよ．

解答　(1) $9x^2 + 24xy + 16y^2$ には，$9x^2 = (3x)^2$ および $16y^2 = (4y)^2$ のように，2乗の項が2つある（注）ので，田の左上と右下にこれらを配置する（図①）．すると，縦と横の長さはともに $3x + 4y$ となる（図②）．残りの

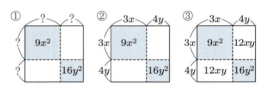

田の右上，左下に面積を記入して合計すると，$9x^2 + 12xy + 12xy + 16y^2$ となり（図③），与式と等しくなる．したがって，

$$9x^2 + 24xy + 16y^2 = (3x+4y)(3x+4y) = (3x+4y)^2\quad \boxed{\text{答}}$$

（注）$9x^2 = (-3x)^2$ あるいは $16y^2 = (-4y)^2$ ともできるが，そうすると面積の合計が $9x^2 - 24xy + 16y^2$ となるので，因数分解として正しくない．

(2) $25x^2 = (5x)^2, 36y^2 = (6y)^2$ であるから，田の左上と右下にこれらを配置する．このとき，$36y^2$ の項についているマイナスも記入する．$-36y^2$ は $+6y$ と $-6y$ の積なので，縦と横の長さは $5x + 6y$ と $5x - 6y$ となる．残りの田の右上，左下に面積を記入して合計すると，$25x^2 + 30xy - 30xy - 36y^2$ となり，与式と等しくなる．したがって，

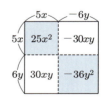

$$25x^2 - 36y^2 = (5x+6y)(5x-6y)\quad \boxed{\text{答}}$$

演習問題 403

次の式を因数分解せよ．

(1) $x^2 + 6xy + 9y^2$　　(2) $4x^2 + 12x + 9$　　(3) $25a^2 + 10ab + b^2$

(4) $x^2 - 4xy + 4y^2$　　(5) $64x^2 - 16x + 1$　　(6) $a^2 - 14ab + 49b^2$

(7) $81x^2 - 49y^2$　　(8) $9x^2 - 25$　　(9) $4a^2 - 25b^2$

POINT 4-4 因数分解の公式②

(Ⅲ) $x^2 + (a+b)x + ab = (x+a)(x+b)$

(Ⅳ) $acx^2 + (ad+bc)x + bd = (ax+b)(cx+d)$

解説 (Ⅲ) は第 1 章で学んだ乗法公式の逆である．(Ⅳ) は右辺を展開すれば左辺になることはわかるが，わかりにくい形である．2 乗の項が 1 つしかない場合，前節の田の字による因数分解の方法だと，いく

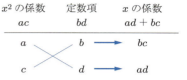

つものケースが出るので時間がかかる．そこで，**たすき掛け**という手法を用いて因数分解を行うとよい．たすき掛けとは，上図のように，一番上の段に x^2 の係数，定数項，x の係数を並べ（順序に注意），下の 2 段で a, b, c, d の組み合わせを見つける方法である．次の例題で，たすき掛けの使い方を確認しよう．

基本例題 4-4

(1) $x^2 + 5x + 6$ を因数分解せよ．　　(2) $3x^2 - x - 2$ を因数分解せよ．

解答 (1) 公式 (Ⅲ) と見比べると，足して $+5$，掛けて $+6$ になる 2 つの数が a, b ということになる．このような組み合わせは $(a, b) = (2, 3)$ または $(a, b) = (3, 2)$ となる．因数分解すると，

$$x^2 + 5x + 6 = (x+2)(x+3) \quad \text{または} \quad (x+3)(x+2) \quad \text{答}$$

(2) 公式 (Ⅳ) を適用する場合は，たすき掛けを用いる．x^2 の係数 $ac = 3$，定数項 $bd = -2$，x の係数 $ad + bc = -1$ を並べ，掛けて ac, bd となる数値を並べてみる．

　下図左では $ac = 3 \times 1$，$bd = 1 \times (-2)$ と分解している．これらの値でたすき掛けを行い，積 bc, ad を記入してみると，1 と -6 になる．このとき $ad + bc = -5$ となるが，x の係数は -1 でなければならないから，このたすき掛けは却下される．

　次に，下図右のような分解をすると，$ad + bc = -1$ となって矛盾がなくなる．このときに並んでいる a, b, c, d を用いて $(ax+b)(cx+d)$ を表記すると，

$$3x^2 - x - 2 = (3x+2)(x-1) \quad \text{答}$$

と因数分解できる．得られた式を展開して，もとの式に戻るか確認してみよう．

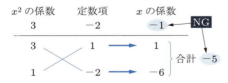 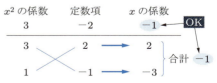

演習問題 404

次の式を因数分解せよ．

(1) $x^2 + 6x + 8$　　(2) $x^2 - 2x - 15$　　(3) $x^2 - 7x + 10$

(4) $6x^2 + 7x + 2$　　(5) $4x^2 - 16x + 15$　　(6) $12x^2 - 13x + 3$

POINT

4-5 置き換えを利用した因数分解

① 3次以上の高次式では，文字の置き換えを行うことで因数分解できる場合がある.

② 文字の多い整式の因数分解は，最低次数の文字について整理して共通因数でくくるとよい.

解説 ① 文字の置き換えを利用して高次式を因数分解する場合，次の2点に注意して解答を導出すること.

▶ 因数分解したのち，置き換えた文字をもとに戻す.

▶ 戻したあとの式がさらに因数分解できるときは，必ず因数分解する.

② たとえば，整式 $a^2b^3c + a^3bc + 3bc + a^2b^2 + a^3 + 3$ について考える. この整式は，a の3次式，b の3次式，c の1次式である. そこで c について整理すれば，

$$\left(a^2b^3 + a^3b + 3b\right)c + \left(a^2b^2 + a^3 + 3\right)$$

となる. ここからさらに，（ ）内をこれまでの知識や文字の置き換えを使って因数分解する.

基本例題 4-5

次の式を因数分解せよ.

(1) $x^4 - x^2 - 12$ (2) $a^2b^3c + a^3bc + 3bc + a^2b^2 + a^3 + 3$

....

解答 (1) $x^2 = A$ と置くと，$x^4 = x^2 \times x^2 = A^2$ と表されるから，

$$x^4 - x^2 - 12 = A^2 - A - 12 = (A+3)(A-4)$$

A をもとに戻して，$(A+3)(A-4) = \left(x^2+3\right)\left(x^2-4\right)$

$\left(x^2-4\right)$ はさらに因数分解できるので，

$$\left(x^2+3\right)\left(x^2-4\right) = \left(x^2+3\right)(x+2)(x-2) \quad \boxed{答}$$

(2) c について整理すれば

$$a^2b^3c + a^3bc + 3bc + a^2b^2 + a^3 + 3 = \left(a^2b^3 + a^3b + 3b\right)c + \left(a^2b^2 + a^3 + 3\right)$$
$$= \left(a^2b^2 + a^3 + 3\right)bc + \left(a^2b^2 + a^3 + 3\right)$$

ここで $a^2b^2 + a^3 + 3 = A$ と置くと，

$$(与式) = Abc + A = A(bc+1)$$
$$= \left(a^2b^2 + a^3 + 3\right)(bc+1) \quad \boxed{答}$$

✎ 演習問題 405

次の式を因数分解せよ.

(1) $x^4 + 6x^2 + 5$ (2) $x^4 - 3x^2 + 2$

(3) $x^4 - 4$ (4) $x^4 - 81$

(5) $x^2yz + x^2z - yz^3 - z^3$ (6) $x^2 - 9 + 3xy - 9y$

(7) $x + 2y + xy + 2$ (8) $x^3 + x^2z - y^2z - xy^2$

28 第4章 因数分解

>>>>>>>>>>>>>>>>> **CHAPTER 4** 章末問題 <<<<<<<<<<<<<<<<<<

406 次の問いに答えよ.

(1) 21 から 30 までの整数について,素数をすべて挙げよ.

(2) 121, 169, 289 はそれぞれ,ある素数の 2 乗である.これらを素因数分解せよ.

407 次の数を素因数分解せよ.

(1) 180   (2) 126   (3) 165   (4) 1300   (5) 3672

408 60 に自然数 n を掛けたところ,別の整数の 2 乗になった.最小の n はいくつか.

409 次の式を共通因数でくくれ.

(1) $xy^2 + x^2y$ (2) $5x^2 + 15xy$ (3) $9a^3b - 12ab$

(4) $2ax^2 + 4abx + 8a$ (5) $9x^2y^2 - 18x^3y + 6xy^3$ (6) $21x^3 - 35x^4y + 7$

410 連続する 3 つの自然数は $n, n+1, n+2$ と表すことができる.このとき,連続する 3 つの自然数の合計 S が 3 の倍数になることを示せ.

411 次の式を因数分解せよ.

(1) $x^2 + 8xy + 16y^2$ (2) $9x^2 + 12x + 4$ (3) $4a^2 + 12ab + 9b^2$

(4) $x^2 - 10xy + 25y^2$ (5) $36x^2 - 12x + 1$ (6) $49a^2 - 14ab + b^2$

(7) $36x^2 - 25y^2$ (8) $49x^2 - 4y^2$ (9) $16a^2 - 81b^2$

412 次の式を因数分解せよ.

(1) $x^2 + 8x + 15$ (2) $x^2 + 6x + 5$ (3) $x^2 + 9x + 14$

(4) $x^2 - 7x + 10$ (5) $x^2 - 9x + 18$ (6) $x^2 - 10x + 16$

(7) $x^2 + 2x - 15$ (8) $x^2 - x - 42$ (9) $x^2 + 2x - 63$

413 たすき掛けを用いて,次の式を因数分解せよ.

(1) $4x^2 + 14x + 10$ (2) $3x^2 - 7x - 6$ (3) $5x^2 + 24x - 5$

(4) $6x^2 - 17x + 5$ (5) $8x^2 - 2x - 3$ (6) $9x^2 - 21x + 6$

414 次の式を因数分解せよ.

(1) $x^4 + 9x^2 + 18$ (2) $x^4 - 5x^2 + 4$

(3) $x^4 - 16$ (4) $x^4 - 25$

(5) $x^2z - y^2z + x^2 - y^2$ (6) $x^2 + 4xy + 4y + 3x + 2$

(7) $xy^2 + 3xy + 2x + y + 2$ (8) $xy + 2y - 3x - 6$

415 次の問いに答えよ.

(1) 整数 n の 3 乗から,n を引いた数 m を,n の式で表せ.

(2) m を因数分解せよ.

章末問題 **29**

CHAPTER 5 平方根

5-1 無理数と平方根

① 分数で表すことのできる数字を**有理数**という．一方，小数で表したときに，規則性がなく無限に続く数は，分数で表すことができない．このような数字を**無理数**という．有理数と無理数を合わせて**実数**という．

② 2乗して S になる数字を，S の**平方根**という．0 以外の有理数の平方根は正負 2 つある．

▶ 25 の平方根 → 5 と −5（まとめて ±5 と書く）

③ S の正負の平方根のうち，正の平方根を記号 $\sqrt{}$（**ルート**，**根号**）を使って $\sqrt{S}$ と表す．負の平方根は $-\sqrt{S}$ となる．

▶ 25 の正の平方根は $\sqrt{25}$．したがって $\sqrt{25} = 5$．

④ $a > 0, b > 0$ であるとき，以下が成り立つ．

▶ $(\sqrt{a})^2 = a$ ▶ $\sqrt{a^2} = a$ ▶ $\sqrt{a} \times \sqrt{b} = \sqrt{ab}$ ▶ $\sqrt{a} \div \sqrt{b} = \dfrac{\sqrt{a}}{\sqrt{b}} = \sqrt{\dfrac{a}{b}}$

解説

① $\dfrac{3}{5}$ を小数で表すと 0.6 となり，小数第 1 位で割り切れる．$\dfrac{3}{11}$ を小数で表すと 0.272727... となり無限に続くが，27 が繰り返し規則的に出てくる．このように，小数で表したときに途中で割り切れる数や，規則性をもった数値が繰り返し現れる数を，有理数という．有理数は分数で表すことができる（→ **516**）．

一方，円周率は $\pi = 3.14\,1592\,6535\,8979\,3238\,4626\cdots$ であり，どこまで計算しても割り切れたり規則的な繰り返しが現れたりすることはない．このような数を無理数という．無理数は分数で表すことはできない．

③ 平方根は，2 乗と対をなす考え方である．まず，正の平方根について，正方形の面積 S と 1 辺の長さ a の関係で考えてみる．

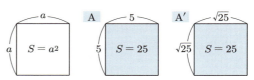

1 辺が a の正方形の面積を S とすると，$S = a^2$ である．$S = 25$ であるときには $a = 5$ となるが，これを図のように $\sqrt{}$ を用いて表すことにする．すなわち，面積 S の正方形の 1 辺を $\sqrt{S}$ と書くことにする．図の A と A' を比較すれば，$5 = \sqrt{25}$ である．また，A' は 1 辺 $\sqrt{25}$ の正方形の面積が 25 であることを示しているから，$(\sqrt{25})^2 = 25$ となる．

$S = 25$ の例では，1 辺は 5 とも $\sqrt{25}$ とも表すことができたが，面積が $S = 2$ のときは，1 辺は $a = \sqrt{2}$ としか表現できない．この $\sqrt{2}$ を小数で求めようとすると，$1.4^2 = 1.96$，$1.5^2 = 2.25$ だから $1.4 < \sqrt{2} < 1.5$，さらに細かくして $1.41^2 = 1.9881$，$1.42^2 = 2.0164$ だから $1.41 < \sqrt{2} < 1.42, \ldots$ のように値を絞り込むことはできるが，どこまで続けても

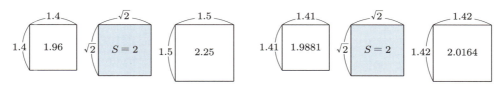

割り切れたり規則的に繰り返したりすることはない．したがって，$\sqrt{2}$ は無理数に分類される．

一般に，整数を2乗した数（平方数：1, 4, 9, 16 など）以外の平方根は無理数になるので，厳密に小数で表すことはできないが，近似値として以下の値は覚えておくとよい．

▶ $\sqrt{2} ≒ 1.41421356\cdots$ （ひとよひとよ　にひとみごろ）
▶ $\sqrt{3} ≒ 1.7320508\cdots$ （ひとなみに　おごれや）
▶ $\sqrt{5} ≒ 2.2360679\cdots$ （ふじさんろく　おうむなく）

④ $(\sqrt{a})^2 = a$ が成立することは解説③のとおりである．$\sqrt{a} \times \sqrt{b} = \sqrt{ab}$ が成立する理由は次のように確かめられる．例として，1辺が $\sqrt{2} \times \sqrt{3}$ である正方形を考えると，その正方形の面積は

$(\sqrt{2} \times \sqrt{3}) \times (\sqrt{2} \times \sqrt{3})$
$= \sqrt{2} \times \sqrt{2} \times \sqrt{3} \times \sqrt{3} = 2 \times 3 = 6$

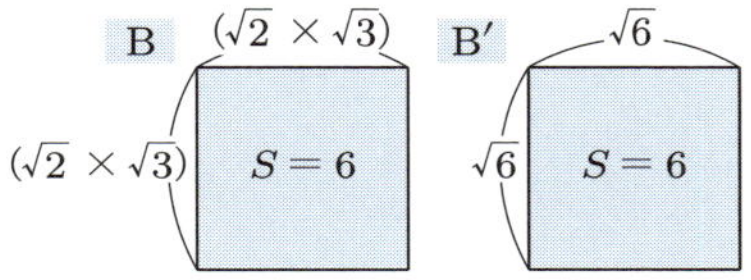

と得られる．ところで，面積6の正方形の1辺の長さは $\sqrt{6}$ である．上図の正方形BとB'の面積は等しいから，辺の長さも等しい．したがって，$\sqrt{2} \times \sqrt{3} = \sqrt{2 \times 3} = \sqrt{6}$ となる．

割り算についても同じような方法で $\sqrt{a} \div \sqrt{b} = \dfrac{\sqrt{a}}{\sqrt{b}} = \sqrt{\dfrac{a}{b}}$ となることがわかる．

基本例題 5-1

次の計算をせよ．また，得られた値が有理数か無理数かを述べよ．
(1) $\sqrt{2} \times \sqrt{5}$　　(2) $\sqrt{2} \times \sqrt{8}$

解答 (1) $\sqrt{2} \times \sqrt{5} = \sqrt{2 \times 5} = \sqrt{10}$
　　　　10は平方数でないから，その平方根 $\sqrt{10}$ は **無理数**　**答**
(2) $\sqrt{2} \times \sqrt{8} = \sqrt{2 \times 8} = \sqrt{16} = \sqrt{4^2} = 4$
　　4は分数$\left(\dfrac{8}{2}\right.$など$\left.\right)$で表すことができるから **有理数**　**答**

演習問題 501

以下の問いに答えよ．
(1) 次に示す数字が有理数か無理数かを答えよ．
　　① $\sqrt{10}$　　② $\sqrt{16}$　　③ $-\sqrt{1}$　　④ $-\sqrt{3}$　　⑤ π
(2) 次の計算をせよ．
　　① $\sqrt{3} \times \sqrt{27}$　　② $\sqrt{5} \times \sqrt{3}$　　③ $\sqrt{8} \div \sqrt{2}$　　④ $\sqrt{20} \div \sqrt{5}$　　⑤ $\sqrt{3} \div \sqrt{12}$

POINT 5-2 平方根の大小と変形

① $a > b > 0$ であるとき，$\sqrt{a} > \sqrt{b}$.
② 平方根は，素因数分解（→ **4-1**）を利用して変形できる.
▶ $\sqrt{8} = \sqrt{2 \times 2 \times 2} = \sqrt{2} \times \sqrt{2} \times \sqrt{2} = 2 \times \sqrt{2} = 2\sqrt{2}$

解説 ① $\sqrt{}$ の大小は，正方形の面積と 1 辺の関係で説明できる．いま，面積が a, b の 2 つの正方形 A, B を考えると，A, B の 1 辺はそれぞれ $\sqrt{a}, \sqrt{b}$ となる．正方形の 1 辺が大きいほど面積は大きくなるから，$a > b$ であれば $\sqrt{a} > \sqrt{b}$ が得られる．

正方形 A

正方形 B

② $\sqrt{}$ の中が平方数であるときには，前節で学んだ $\sqrt{a^2} = a$ を用いて，$\sqrt{}$ をはずすことができる．ここではさらに，$\sqrt{a} \times \sqrt{b} = \sqrt{ab}$ を利用して平方根を変形することを考える．$\sqrt{45}$ という数は，45 を素因数分解することで $\sqrt{45} = \sqrt{3 \times 3 \times 5}$ となる．$\sqrt{}$ の中が掛け算でつながっているときには $\sqrt{}$ をばらすことができるので，
$$\sqrt{45} = \sqrt{3 \times 3 \times 5} = \sqrt{3} \times \sqrt{3} \times \sqrt{5}$$
と表せる．$\sqrt{3} \times \sqrt{3}$ は 1 辺 $\sqrt{3}$ の正方形の面積なので 3 になる．したがって，
$$\sqrt{45} = 3 \times \sqrt{5} = 3\sqrt{5}$$
この最後の表記は，$3 \times y = 3y$ と表すのと同じように，乗法記号を省略したものである．
一般に $\sqrt{}$ の数を表記する場合は，このような変形を行って $\sqrt{}$ の中をできるだけ小さい整数にする．

基本例題 5-2

(1) 2 と $\sqrt{3}$ と $\sqrt{5}$ の大小関係を，不等号を用いて表せ．
(2) $\sqrt{50}$ を $\sqrt{}$ の中が最小になるように変形せよ．

解答 (1) $a = \sqrt{a^2}$ だから，$2 = \sqrt{4}$ である．したがって $\sqrt{4}$ と $\sqrt{3}$ と $\sqrt{5}$ を比較する．
$\sqrt{}$ の中の大小関係から，$\sqrt{3} < \sqrt{4} < \sqrt{5}$ だから，$\sqrt{3} < 2 < \sqrt{5}$ **答**

別解 正方形の 1 辺が 2 と $\sqrt{3}$ と $\sqrt{5}$ の 3 つの正方形の面積を考えると，4, 3, 5 になる．正方形の面積の大小関係はそのまま 1 辺の大小関係になるから，$\sqrt{3}$ が一番小さく，$\sqrt{5}$ が一番大きい．よって $\sqrt{3} < 2 < \sqrt{5}$ **答**

(2) $\sqrt{50} = \sqrt{2 \times 5 \times 5} = \sqrt{2} \times \sqrt{5} \times \sqrt{5} = \sqrt{2} \times 5 = 5\sqrt{2}$ **答**

別解 $\sqrt{50} = \sqrt{2} \times \sqrt{25} = \sqrt{2} \times 5 = 5\sqrt{2}$ **答**

演習問題 502

(1) 3 と $2\sqrt{2}$ と $\sqrt{10}$ の大小関係を，不等号を用いて表せ．
(2) 次の数について，$\sqrt{}$ の中が最小になるように変形せよ．
　　① $\sqrt{28}$　　② $\sqrt{54}$　　③ $\sqrt{60}$　　④ $\sqrt{150}$　　⑤ $\sqrt{200}$

POINT

5-3 　平方根の計算

① 平方根を含んだ多項式や展開は，文字式と同じように扱えばよい.

　▶ $\sqrt{2}$ と $2\sqrt{2}$ は，同類項と同じ扱いでまとめてよい.

　▶ $\sqrt{2}$ と $\sqrt{3}$ のように，$\sqrt{}$ の中が異なる場合はまとめることはできない.

② 分配法則（→ **1-4**)や乗法公式（→第 2 章)は，平方根にも同様に適用できる.

③ $\sqrt{}$ の中が平方数の場合は整数にする. $\sqrt{8}$ のような数は $\sqrt{}$ の中を最小の数に変形して計算する.

解説 　① 　平方根を含んだ式の変形は，「$\sqrt{}$ の計算は文字式と同様」と覚えておこう. たとえば，$\sqrt{2}+\sqrt{3}$ はこれ以上まとめられないが，$\sqrt{2}\times\sqrt{3}$ は $\sqrt{6}$ という 1 つのまとまりにできる. これは，$a+b$ がこれ以上まとめられず，$a\times b$ は ab という 1 つのまとまりにできることと同じだと考えればよい.

　また，$2\sqrt{3}+4\sqrt{3}=6\sqrt{3}$ と計算できるが，$2\sqrt{3}+4\sqrt{5}$ はこれ以上まとめられない. これは，$2a+4a=6a$ と計算できるが，$2a+4b$ はこれ以上まとめられないというルールと同様である.

　②③ 　分配法則や乗法公式の文字の部分を，平方根に置き換えて適用することができる. このとき，最終的に得られる解の表記は，$\sqrt{}$ をはずしたり $\sqrt{}$ の中を最小値にしたりすることを忘れないようにする. 実際の計算を以下の例題で見てみよう.

基本例題 5-3

次の計算をせよ.

(1) $\sqrt{2}+\sqrt{8}+\sqrt{27}$ 　　(2) $\left(\sqrt{2}+\sqrt{3}\right)^2$

解答 (1) $\sqrt{8}$ は素因数分解を行って $\sqrt{2\times2\times2}$ とする方法のほかに，$\sqrt{}$ の中を（平方数×■）として変形する方法もある. $\sqrt{}$ の変形に慣れてきたら利用できるようにするのがよい.

$$\sqrt{2}+\sqrt{8}+\sqrt{27} = \sqrt{2}+\sqrt{4\times2}+\sqrt{9\times3}$$
$$= \sqrt{2}+2\sqrt{2}+3\sqrt{3}=3\sqrt{2}+3\sqrt{3} \quad \boxed{答}$$

(2) **2-2** の乗法公式 $(a+b)^2=a^2+2ab+b^2$ を使えばよい.

$$\left(\sqrt{2}+\sqrt{3}\right)^2 = \left(\sqrt{2}\right)^2+2\cdot\sqrt{2}\cdot\sqrt{3}+\left(\sqrt{3}\right)^2$$
$$= 2+2\sqrt{6}+3=5+2\sqrt{6} \quad \boxed{答}$$

✎ 演習問題 503

(1) 次の計算をせよ.

　① $\sqrt{3}+\sqrt{9}+\sqrt{27}$ 　　② $\sqrt{8}+\sqrt{16}-\sqrt{32}$ 　　③ $\sqrt{4}-\sqrt{12}-\sqrt{48}+\sqrt{25}$

(2) 次の式を展開せよ.

　① $\sqrt{2}\left(\sqrt{3}+1\right)$ 　　② $\sqrt{2}\left(2\sqrt{2}+\sqrt{3}\right)$ 　　③ $\sqrt{3}\left(\sqrt{6}-\sqrt{5}\right)$ 　　④ $\sqrt{5}\left(3-\sqrt{5}\right)$

　⑤ $\left(\sqrt{3}+\sqrt{5}\right)^2$ 　　⑥ $\left(2\sqrt{2}-\sqrt{3}\right)^2$ 　　⑦ $\left(\sqrt{6}+\sqrt{3}\right)\left(\sqrt{6}-\sqrt{3}\right)$ 　　⑧ $\left(\sqrt{3}-1\right)^2$

POINT

5-4 分母の有理化

① 分母に $\sqrt{}$ を含む分数を変形して，分母に $\sqrt{}$ を含まない分数にすることを，**分母の有理化**という．

② 分母の有理化には，次の方法を用いる．

▶ 分母が $\sqrt{a}$ で表される単項式の場合は，分母と分子に $\sqrt{a}$ を掛ける．

▶ 分母が $\sqrt{}$ を含む 2 項式 $a+\sqrt{b}$ の場合は，分母と分子に $a-\sqrt{b}$ を掛ける．

解説　① いま，$x=\dfrac{1}{\sqrt{2}}$ という値を考えてみる．このとき，分母は無理数である．この値を数直線上に表すような場合（→ **7-1**），$\sqrt{2} \fallingdotseq 1.414$ を用いて小数で近似値を求める必要があるが，$1 \div 1.414$ を計算するのは意外と面倒である．

そこで，x の分母と分子に $\sqrt{2}$ を掛けてみる．すなわち，

$$x=\frac{1}{\sqrt{2}} \times 1=\frac{1}{\sqrt{2}} \times \frac{\sqrt{2}}{\sqrt{2}}=\frac{\sqrt{2}}{2}$$

のように変形すると，$1.414 \div 2=0.707$ と容易に計算できる．このように，分母に $\sqrt{}$ を含まない形に変形することを，分母の有理化という．

② 分母が $\sqrt{}$ の単項式であれば，解説①と同様の方法で有理化できる．分母に 2 つの項があって，その中に $\sqrt{}$ が入っている場合には，乗法公式 $(a+b)(a-b)=a^2-b^2$ を用いて有理化できる．以下の例題で見てみよう．

基本例題 5-4

$\dfrac{5}{4+\sqrt{3}}$ の分母を有理化せよ．

....

解答　$\dfrac{5}{4+\sqrt{3}}=\dfrac{5}{4+\sqrt{3}} \times \dfrac{(4-\sqrt{3})}{(4-\sqrt{3})}=\dfrac{5(4-\sqrt{3})}{(4+\sqrt{3})(4-\sqrt{3})}$

$\qquad =\dfrac{20-5\sqrt{3}}{16-3}=\dfrac{20-5\sqrt{3}}{13}$ 　**答**

✎ 演習問題 504

(1) $\dfrac{1}{\sqrt{3}}$ の近似値を，小数第 3 位まで求めよ．$\sqrt{3} \fallingdotseq 1.732$ とする．

(2) 次の分数の分母を有理化せよ．

① $\dfrac{3}{\sqrt{5}}$ 　② $\dfrac{2+\sqrt{3}}{\sqrt{3}}$ 　③ $\dfrac{5}{3+\sqrt{2}}$ 　④ $\dfrac{2+\sqrt{5}}{8-\sqrt{5}}$ 　⑤ $\dfrac{\sqrt{5}-\sqrt{3}}{\sqrt{5}+\sqrt{3}}$

34 第 5 章 平方根

CHAPTER 5 章末問題

505 次の計算をせよ．
(1) $\sqrt{2} \times \sqrt{32}$ (2) $\sqrt{7} \times \sqrt{2}$ (3) $5 \div \sqrt{5}$ (4) $9 \div \sqrt{3}$ (5) $2 \div \sqrt{12}$

506 $2\sqrt{7}$ と $3\sqrt{3}$ と $\sqrt{29}$ の大小関係を，不等号を用いて表せ．

507 1辺の長さが $1+\sqrt{2}$ の正方形がある．この正方形に右図のような補助線を引き，内部に小さな正方形を作る．このとき次の問いに答えよ．
(1) 大きな正方形の面積 S_1 を求めよ．
(2) 大きな正方形内部の 4 つの直角三角形の合計面積を求めよ．
(3) 小さな正方形の面積 S_2 を求めよ．
(4) 小さな正方形の 1 辺の長さ c を求めよ．

508 次の数について，$\sqrt{}$ の中が最小になるように変形せよ．
(1) $\sqrt{18}$ (2) $\sqrt{20}$ (3) $\sqrt{40}$ (4) $\sqrt{99}$ (5) $\sqrt{242}$

509 次の計算をせよ．
(1) $\sqrt{2}+\sqrt{4}-\sqrt{8}$ (2) $\sqrt{5}-\sqrt{20}+\sqrt{45}$ (3) $\sqrt{9}+\sqrt{18}-\sqrt{36}+\sqrt{98}$

510 $\sqrt{20}$ と $\sqrt{a+3}$ の積が整数になるとき，最小の a の値を求めよ．

511 a は正の整数である．$3<\sqrt{a}<5$ を満たす a はいくつあるか．

512 次の式を展開せよ．
(1) $\sqrt{5}(\sqrt{2}+1)$ (2) $\sqrt{3}(3\sqrt{3}+\sqrt{2})$ (3) $\sqrt{2}(\sqrt{6}-\sqrt{10})$ (4) $\sqrt{7}(4-\sqrt{7})$
(5) $(\sqrt{2}+\sqrt{6})^2$ (6) $(\sqrt{10}-2\sqrt{2})^2$ (7) $(\sqrt{5}+\sqrt{3})(\sqrt{5}-\sqrt{3})$ (8) $(\sqrt{5}-2)^2$

513 次の近似値を小数第 3 位まで求めよ．$\sqrt{2} \fallingdotseq 1.414, \sqrt{3} \fallingdotseq 1.732, \sqrt{5} \fallingdotseq 2.236$ とする．
(1) $\dfrac{3}{\sqrt{2}}$ (2) $\dfrac{5}{\sqrt{3}}$ (3) $-\dfrac{1}{\sqrt{20}}$ (4) $-\dfrac{9}{2\sqrt{3}}$

514 次の分数の分母を有理化せよ．
(1) $\dfrac{3}{2+\sqrt{5}}$ (2) $\dfrac{\sqrt{3}}{1-\sqrt{3}}$ (3) $\dfrac{2}{\sqrt{2}+1}$ (4) $\dfrac{2+\sqrt{6}}{4-\sqrt{6}}$ (5) $\dfrac{1}{\sqrt{7}-\sqrt{5}}$

515 数直線に自然数 n の平方根 $\sqrt{n}$ の値をプロットする．このとき，$1<\sqrt{n}<2$ の範囲には 2 つの点がプロットされる．数直線の $5<\sqrt{n}<6$ の間にはいくつの点がプロットされるか．

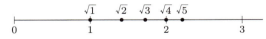

516 $a=0.27272727\cdots$ を分数で表したいと思う．次の問いに答えよ．
(1) $100a$ を小数で表せ． (2) $100a-a$ はいくつか，数値で求めよ．
(3) a を分数で表せ．

CHAPTER 6

二次方程式

POINT

6-1 二次方程式の解

① $ax^2 + bx + c = 0$ $(a \neq 0)$ の形で表される方程式を，一元二次方程式（または単に**二次方程式**）という．

② 二次方程式には特別な場合を除いて解が 2 つある．基本となるのは，次の平方根の考え方である．

$$x^2 = p \text{ であるとき } x = \pm\sqrt{p}$$

解説 ① 未知数の二次式で表される方程式を二次方程式という．たとえば x を未知数とするとき，$2x^2 - 5x - 3 = 0$ は x に関する二次方程式である．

② 二次方程式の解法には，大きく分けて 3 つの方法がある．

▶**完全平方式を作る方法**：$x^2 = 4$，$(2x-5)^2 = 9$ などのように，$\blacksquare^2 = p$ の形にする．

▶**因数分解を用いる方法**（→ **6-2**）：$(x+2)(2x-3) = 0$ などのように，因数の積が 0 になる形にする．

▶**解の公式を用いる方法**（→ **6-3**）：$3x^2 + 5x - 7 = 0$ などのように，上記 2 つが使いにくい場合に用いる．

本節では，完全平方式による解法を，次の例題で見てみる．

基本例題 6-1

次の二次方程式を解け．

(1) $2x^2 = 18$ (2) $3x^2 = 72$ (3) $2(x+3)^2 = 50$ (4) $(x-2)^2 = 5$

••

解答 (1) 与式より，$x^2 = 9$．したがって，$x = \pm\sqrt{9} = \pm 3$ **答**

(2) 与式より，$x^2 = 24$．したがって，$x = \pm\sqrt{24} = \pm 2\sqrt{6}$ **答**

(3) $x + 3 = X$ と置くと，与式は $2X^2 = 50$．すなわち，$X^2 = 25$．よって $X = \pm\sqrt{25} = \pm 5$．

X をもとに戻して，$x + 3 = \pm 5$．これは $x + 3 = +5$ と $x + 3 = -5$ であるから，

$$x = 2, \ -8 \quad \text{答}$$

(4) $x - 2 = X$ と置くと，与式は $X^2 = 5$．すなわち，$X = \pm\sqrt{5}$．

X をもとに戻して，$x - 2 = \pm\sqrt{5}$．したがって，$x = 2 \pm \sqrt{5}$ **答**

※ (1) と (2)，(3) と (4) の違いは，$\sqrt{}$ をはずせるかどうかの違いである．$\sqrt{}$ の中が平方数であれば整数にすること，$\sqrt{}$ の中の数を小さくできるときは変形することを忘れないようにしよう．

✏ 演習問題 601

次の二次方程式を解け．

(1) $5x^2 = 20$ (2) $-6x^2 = -12$ (3) $2x^2 = 54$

(4) $4(x-5)^2 = 100$ (5) $3(x+7)^2 = 27$ (6) $5(2x+1)^2 = 20$

POINT

6-2　因数分解と二次方程式

① 2つの整式 A と B の積が $AB = 0$ となるとき，$A = 0$ または $B = 0$.

② 因数分解と①の性質を利用することで，二次方程式の解を求められる.

▶ $(x-3)(x+2) = 0 \;\rightarrow\; x = 3,\ -2$

③ 方程式の係数や定数項に分数があるときは，分母をはらう（→ **3-4**）ことで計算が容易になる.

▶ $\dfrac{x^2}{2} + \dfrac{x}{3} - 1 = 0 \;\rightarrow\; 3x^2 + 2x - 6 = 0$

解説　① 2つの整式 $A = x-3$ と $B = x+2$ があるとき，積は $AB = (x-3)(x+2)$ となる. この積の値が 0 である場合，$A = 0$ または $B = 0$ でなければならないので，$x = 3$ または $x = -2$ ということになる. これを方程式として考えると，$(x-3)(x+2) = 0$ を満たすのは $x = 3$ でも $x = -2$ でもかまわないので，解は $x = 3, -2$ となる.

② 二次方程式 $ax^2 + bx + c = 0$ において，左辺が因数分解できると，①の性質から二次方程式の解を求められる. このとき，必ず右辺を 0 にした状態で因数分解すること.

③ 方程式では両辺に同じ数を掛けても等式関係は崩れないので，分数係数などが含まれているときは事前に分母の最小公倍数を両辺に掛けておくと，面倒な分数計算を行わずにすむ.

基本例題 6-2

次の二次方程式を解け.

(1) $(3x+2)(2x-7) = 0$ 　　(2) $\dfrac{x^2}{4} + \dfrac{5}{4}x + 1 = 0$

･･

解答 (1) $(3x+2)$ と $(2x-7)$ を掛けて 0 になるわけだから，$3x+2 = 0$ または $2x-7 = 0$ となる.

$$3x + 2 = 0 \;\rightarrow\; x = -\frac{2}{3}, \quad 2x - 7 = 0 \;\rightarrow\; x = \frac{7}{2}$$

よって解は，$x = -\dfrac{2}{3}, \dfrac{7}{2}$ 　**答**

(2) この方程式には分数係数が含まれるので，両辺に 4 を掛けることで係数を整数にする.

$$4 \times \left(\frac{x^2}{4} + \frac{5}{4}x + 1 \right) = 4 \times 0 \;\rightarrow\; x^2 + 5x + 4 = 0 \;\rightarrow\; (x+4)(x+1) = 0$$

よって解は，$x = -4, -1$ 　**答**

演習問題 602

次の二次方程式を解け.

(1) $(2x+5)(3x-1) = 0$ 　　(2) $(5x-1)(2x-3) = 0$ 　　(3) $2x^2 - 7x - 15 = 0$

(4) $6x^2 + 11x - 30 = 0$ 　　(5) $\dfrac{x^2}{3} + \dfrac{x}{6} - \dfrac{5}{2} = 0$ 　　(6) $x^2 + \dfrac{7}{6}x - \dfrac{5}{3} = 0$

6-2　因数分解と二次方程式　**37**

POINT 6-3 解の公式

$ax^2 + bx + c = 0 \ (a \neq 0)$ の解は，$\ \boldsymbol{x = \dfrac{-b \pm \sqrt{b^2 - 4ac}}{2a}}$

解説 この解の公式を用いると，a, b, c に値を代入することで，すべての二次方程式の解を求められる．解の公式は，以下のように完全平方式を作ることによって導出できる．文字式の変形のよい練習になるので，自力で導出できるように練習してみよう．

【解の公式の導出】 $ax^2 + bx + c = 0$ の両辺を a で割って，定数項を右辺に移項すると，

$$x^2 + \frac{b}{a}x = -\frac{c}{a}$$

両辺に $\left(\dfrac{b}{2a}\right)^2$ を足すと$^{(注)}$，

$$x^2 + \frac{b}{a}x + \left(\frac{b}{2a}\right)^2 = -\frac{c}{a} + \left(\frac{b}{2a}\right)^2$$

左辺を因数分解，右辺を通分すると

$$\left(x + \frac{b}{2a}\right)^2 = \frac{-4ac + b^2}{4a^2}$$

> **(注)** $x^2 + 2px + p^2 = (x + p)^2$ であるため，$x^2 + \dfrac{b}{a}x$ から完全平方式をつくるには，x の係数 $\dfrac{b}{a}$ の半分の 2 乗 $\left(\dfrac{b}{2a}\right)^2$ を足す必要がある．

$$x + \frac{b}{2a} = \pm\sqrt{\frac{-4ac + b^2}{4a^2}} = \pm\frac{\sqrt{b^2 - 4ac}}{2a} \ \rightarrow \ x = \frac{-b \pm \sqrt{b^2 - 4ac}}{2a} \quad \boxed{終}$$

解の公式を適用するときは，a, b, c がすべて整数であるほうが計算しやすい．a, b, c に分数や小数がある場合は，分母をはらい（→ **6-2**），すべて整数にしてから計算すること．

基本例題 6-3

解の公式を用いて，次の二次方程式を解け．

(1) $2x^2 - 3x - 1 = 0$　　　(2) $4x^2 - 3 = 0$

解答 (1) $a = 2, b = -3, c = -1$ を解の公式に代入する．

$$x = \frac{-(-3) \pm \sqrt{(-3)^2 - 4 \cdot 2 \cdot (-1)}}{2 \cdot 2} = \frac{3 \pm \sqrt{17}}{4} \quad \boxed{答}$$

(2) この方程式は解の公式を用いなくても簡単に解けるが，解の公式を使う場合は $a = 4, b = 0, c = -3$ とすればよい．

$$x = \frac{-0 \pm \sqrt{0^2 - 4 \cdot 4 \cdot (-3)}}{2 \cdot 4} = \frac{\pm\sqrt{48}}{8} = \frac{\pm 4\sqrt{3}}{8} = \pm\frac{\sqrt{3}}{2} \quad \boxed{答}$$

✎ 演習問題 603

解の公式を用いて，次の二次方程式を解け．

(1) $2x^2 + 7x + 3 = 0$　　(2) $2x^2 + 9x + 5 = 0$　　(3) $4x^2 + 6x + 1 = 0$

(4) $3x^2 - 5x + 2 = 0$　　(5) $2x^2 + 6x - 3 = 0$　　(6) $3x^2 - 2x - 1 = 0$

(7) $\dfrac{x^2}{2} + \dfrac{5}{2}x + 1 = 0$　　(8) $0.1x^2 - 0.5x + 0.3 = 0$　　(9) $\dfrac{x^2}{2} - x + \dfrac{1}{8} = 0$

POINT

6-4 虚数

① 2乗して -1 になる数を**虚数単位**とよび, i で表す. すなわち,

$$i^2 = -1, \qquad i = \sqrt{-1}$$

② 虚数単位を含む数を**虚数**とよぶ. 虚数は一般に $a + bi$ (a, b は実数) と表される.

③ 虚数単位を含む式の計算は, $i^2 = -1$ とするほかは, i をほかの文字と同様に扱えばよい.

▶ $3 \times 2i = 6i$ ▶ $i - 5i = -4i$

解説 ① 二次方程式 $x^2 = -1$ を解こうとすると, x は2乗して -1 になる数であるから, 実数の範囲には解が存在しない. そこで, 2乗して -1 になる数を i と表し, 数の範囲を実数の外に広げる. i は想像上の数であって, 実数とは根本的に異なる. この i を虚数単位とよび, 定義から $i^2 = -1, i = \sqrt{-1}$ ということになる.

また, $\sqrt{}$ の中を計算してマイナスになる場合に, i を用いて表すことができる. たとえば, $\sqrt{-2}$ は

$$\sqrt{-2} = \sqrt{-1} \times \sqrt{2}$$

と積に分解できるから, $\sqrt{-2} = \sqrt{2}i$ と表せる. これを $\sqrt{2i}$ と書くのは誤りなので, i は $\sqrt{}$ から出して記述するように気をつけよう.

基本例題 6-4

(1) $\sqrt{-8}$ を虚数単位を用いて表せ. (2) $(4 + 3i) - (6 - 2i)$ を計算せよ.

(3) $(3 + i)^2$ を展開せよ.
....

解答 (1) $\sqrt{-8} = \sqrt{-1} \times \sqrt{8} = i \times \sqrt{4} \times \sqrt{2} = 2\sqrt{2}i$ 答

(2) $(4 + 3i) - (6 - 2i) = 4 + 3i - 6 + 2i = -2 + 5i$ 答

(3) 虚数を含んだ式を展開する場合にも, これまでに学んだ乗法公式を使うことができる.

$$(3 + i)^2 = 3^2 + 2 \cdot 3 \cdot i + i^2 = 9 + 6i + (-1)$$
$$= 8 + 6i \quad 答$$

※ $i^2 = -1$ を用いることのできる部分は実数に直すことを忘れないようにする.

📝 演習問題 604

(1) 次の値を求めよ.

① i^2 ② i^3 ③ i^4 ④ i^5 ⑤ i^6

(2) 次の数を, 虚数単位 i を用いて表せ.

① $\sqrt{-3}$ ② $\sqrt{-4}$ ③ $3 + \sqrt{-9}$ ④ $-5 + \sqrt{-12}$ ⑤ $\sqrt{-9} + \sqrt{-16}$

(3) 次の計算をせよ.

① $(5 + i) + (3 - 4i)$ ② $(3 - 2i) - 2(i + 3)$ ③ $3(2 + i) - 4(3 - 2i)$

④ $(4 + i)(3 - 2i)$ ⑤ $(3 - 2i)^2$ ⑥ $(5 + 2i)(5 - 2i)$

6-4 虚数 **39**

POINT

6-5 二次方程式の解と判別式

① 二次方程式の解の公式 $x = \dfrac{-b \pm \sqrt{b^2 - 4ac}}{2a}$ の $\sqrt{}$ 内の正負により，解は実数か虚数かに分かれる.

② 解の公式における $\sqrt{}$ 内の $b^2 - 4ac$ のことを**判別式**とよび，記号 D で表す. 判別式 D の値によって，二次方程式の解は次のように分類される.

▶ $D > 0$ のとき，二次方程式は異なる 2 つの実数解をもつ.

▶ $D = 0$ のとき，二次方程式は実数の**重解**（一見すると解が 1 つ）をもつ.

▶ $D < 0$ のとき，二次方程式は異なる 2 つの**虚数解**（i を含んだ解）をもつ.

解説　① 解の公式を用いて二次方程式の解を求めると，$\sqrt{}$ の中がマイナスになる場合があるが，前節の虚数単位を導入すれば解を得ることができる.

② $\sqrt{}$ の中が 0 になる場合を考えてみる. このとき，

$$x = \frac{-b \pm \sqrt{0}}{2a} \ \rightarrow \ x = \frac{-b + 0}{2a}, \ \frac{-b - 0}{2a}$$

となる. これらはともに $x = -\dfrac{b}{2a}$ で，2 つの解が数直線上で重なっているように見える. このような解を重解とよぶ.

また，$\sqrt{}$ の中がマイナスになる場合，二次方程式の解は虚数で表される. このような解を虚数解とよぶ.

これらの解の種類を見分けるには，わざわざ解の公式で解を求めなくても，$\sqrt{}$ の中だけを計算すればよい. このことから $D = b^2 - 4ac$ を判別式とよんで，二次方程式の解の種類を判断するのに用いる.

基本例題 6-5

(1) $2x^2 + 4x + 5 = 0$ の解を求めよ. 　　(2) $4x^2 - 12x + 9 = 0$ の解を判別せよ.

解答 (1) 解の公式で $a = 2, b = 4, c = 5$ を代入すると，

$$x = \frac{-4 \pm \sqrt{4^2 - 4 \cdot 2 \cdot 5}}{2 \cdot 2} = \frac{-4 \pm \sqrt{-24}}{4} = \frac{-4 \pm 2\sqrt{6}i}{4} = \frac{-2 \pm \sqrt{6}i}{2} \quad \boxed{答}$$

(2) $D = (-12)^2 - 4 \cdot 4 \cdot 9 = 144 - 144 = 0$.
　　よって，重解になる　$\boxed{答}$

✎ 演習問題 605

(1) 次の二次方程式を解け. 虚数単位は i とする.

　　① $x^2 + 3x + 5 = 0$ 　　② $2x^2 + 6x + 5 = 0$ 　　③ $4x^2 - 5x + 2 = 0$

(2) 次の二次方程式について，解を判別せよ.

　　① $2x^2 + 3x + 4 = 0$ 　　② $3x^2 - 5x - 9 = 0$ 　　③ $9x^2 + 6x + 1 = 0$

40 第 6 章　二次方程式

CHAPTER 6 章末問題

606 次の二次方程式を解け．
(1) $x^2 = 9$ (2) $-4x^2 = -32$ (3) $3x^2 = 81$
(4) $2(x-7)^2 = 128$ (5) $5(x+4)^2 = 45$ (6) $3(1-2x)^2 = 48$

607 1辺 x [cm] の正方形の紙がある．右図のように，四隅から1辺 $3\,\mathrm{cm}$ の正方形を切り取って破線で折り，ふたのない箱を作ったところ，箱の体積が $48\,\mathrm{cm}^3$ となった．x の値を求めよ．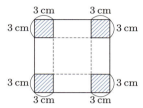

608 次の二次方程式を解け．
(1) $(3x+2)(5x-1) = 0$ (2) $(4x-3)(2x+3) = 0$ (3) $2x^2 + 7x + 3 = 0$
(4) $9x^2 + 6x + 1 = 0$ (5) $x^2 + \dfrac{3}{4}x + \dfrac{1}{8} = 0$ (6) $\dfrac{3}{5}x^2 - x + \dfrac{2}{5} = 0$

609 縦 $10\,\mathrm{m}$，横 $14\,\mathrm{m}$ の長方形の土地に，右図のような道幅 x [m] の道路を作る．残りの部分の面積が $96\,\mathrm{m}^2$ になるとき，x の値を求めよ．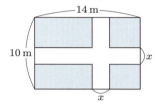

610 解の公式を用いて，次の二次方程式を解け．
(1) $3x^2 + 8x + 2 = 0$ (2) $4x^2 + 9x + 2 = 0$ (3) $2x^2 + 6x + 1 = 0$
(4) $x^2 - 4x + 2 = 0$ (5) $2x^2 - 7x - 4 = 0$ (6) $3x^2 - 5x + 1 = 0$
(7) $\dfrac{x^2}{6} + \dfrac{2}{3}x + \dfrac{1}{2} = 0$ (8) $0.1x^2 + 0.3x - 1 = 0$ (9) $\dfrac{2}{5}x^2 + x + \dfrac{3}{5} = 0$

611 x に関する二次方程式 $3x^2 + ax - 5 = 0$ の解の1つが $x = 5$ である．このとき，a の値ともう1つの解 x を求めよ．

612 連続する2つの自然数があり，それぞれを2乗した数の和が113である．次の問いに答えよ．
(1) 小さい自然数を x とすると，大きい自然数は $x+1$ と表すことができる．それぞれを2乗した数の和が113であることを方程式で表せ．
(2) 方程式を解き，2つの自然数を求めよ．

613 次の計算をせよ．
(1) $(2+i) - (2-5i)$ (2) $5(1-3i) - (i+4)$ (3) $2(4+3i) - 3(5-2i)$
(4) $(5+2i)(1-3i)$ (5) $(3+i)^2$ (6) $(4+3i)(4-3i)$

614 次の二次方程式を解け．虚数単位は i とする．
(1) $x^2 + 2x + 4 = 0$ (2) $3x^2 + 2x + 2 = 0$ (3) $5x^2 + x + 5 = 0$
(4) $2x^2 + 3x + 2 = 0$ (5) $2x^2 - 4x + 3 = 0$ (6) $9x^2 + 3x + 1 = 0$

615 次の二次方程式について，解を判別せよ．
(1) $3x^2 - 5x + 4 = 0$ (2) $2x^2 - 9x - 5 = 0$ (3) $\dfrac{3}{2}x^2 - 3x + \dfrac{3}{2} = 0$

CHAPTER 7 関数とグラフ

POINT 7-1 数直線と直交座標

① 数直線上に表すことができるのは実数（整数，有理数，無理数）である．虚数は数直線上に表すことができない．

▶ 実数 -2, 3.5, $\sqrt{3} = 1.73\cdots$ を数直線上に表すと以下のようになる．

② (x, y) のデータの組を視覚的に把握するために，数直線を 2 つ直交させたものを**（直交）座標軸**という．横軸に x の値，縦軸に y の値をとり，直交させた軸の交点を $(x, y) = (0, 0)$ とする．この点を座標軸の**原点**といい，記号 O で表す．

解説 ② (x, y) の組み合わせが問題になるとき，x だけ，y だけの数直線では，その組み合わせのもつ関係性を理解できない．たとえば，下表の (x, y) の組み合わせを x, y の数直線で表すと次のようになる．

	A	B	C	D	E	F
x	1	2	3	4	6	12
y	12	6	4	3	2	1

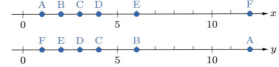

この 2 本の数直線では，x が増加するにつれて y が減少する関係を読み取ることすら困難である．

そこで，横軸に x，縦軸に y の値を示す数直線を直交させて描くことで，右図のように，x の変化にともなう y の変化が一目瞭然となる．このように，2 本の数直線を用いてデータを平面上の点で表せるようにしたものを（直交）座標軸という．表の (x, y) の組み合わせを表した一つ一つの点を**座標**といい，x, y の値を x 座標，y 座標という．図中の点 C の座標は C$(3, 4)$ であり，x 座標は 3，y 座標は 4 である．また，座標軸を描くときは，原点に O を記入する．このように，平面上の点の場所を 2 つの数の組によって表せるような平面を**座標平面**（または xy 平面）という．

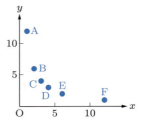

演習問題 701

(1) -6 から 6 の範囲で 1 刻みの目盛の数直線を描き，次の数値を数直線上に表せ．

$$5, \quad -5, \quad \frac{5}{2}, \quad -0.5, \quad -\sqrt{5}$$

(2) $-10 \leq x \leq 10$, $-10 \leq y \leq 10$ の範囲で 1 刻みの目盛の座標軸を描き，右の A〜F を座標平面上に示せ．

	A	B	C	D	E	F
x	5	-3	-7	8	3	0
y	5	8	-2	-4	0	-6

POINT 7-2 正比例・反比例と関数

① $y=ax$（a は定数）の関係を，y は x に**正比例**（比例）するという．正比例の関係をグラフに表すと，原点を通る直線になる．
▶ $y=2x$ ▶ $y=-3x$

② $y=\dfrac{a}{x}$（a は定数）の関係を，y は x に**反比例**（逆比例）するという．反比例の関係をグラフに表すと，原点に関して対称な**双曲線**（2 つの曲線）になる．
▶ $y=\dfrac{2}{x}$ ▶ $y=-\dfrac{3}{x}$

③ 正比例・反比例の関係のように，x の値が決まると y の値が定まるとき，y は x の**関数**であるという．

解説 ① $y=2x$ という関係式を考えてみよう．この式で x を -4 から 4 まで 1 刻みで変化させると，対応する y の値は下表のようになる．

x	-4	-3	-2	-1	0	1	2	3	4
y	-8	-6	-4	-2	0	2	4	6	8

この表を座標平面上に表すと，右図の直線が得られる．このように x の値が 1 つに定まると y が 1 つに定まる関係を関数といい，関数の中で $y=ax$ の形のものを（正）比例という．正比例では a の値にかかわらず $x=0$ のとき $y=0$ となるので，グラフは原点 $\mathrm{O}(0,0)$ を必ず通る．

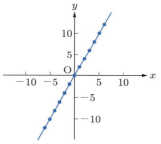

② $y=\dfrac{12}{x}$ という関係式を考えてみよう．①と同様の表を作ると，以下のようになる．

x	-4	-3	-2	-1	0	1	2	3	4
y	-3	-4	-6	-12	/	12	6	4	3

この表を座標平面上に表すと，原点に関して対称な 2 本の曲線（双曲線）が得られる．このように y が x の逆数の a 倍となる関係を反比例（逆比例）という．反比例では $x=0$ で分母が 0 になり，y が計算できないことに注意が必要である．

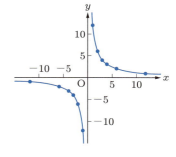

演習問題 702

(1) 次の関数について右の表を埋め，得られた座標を座標平面上に表せ．
① $y=2x$ ② $y=-x$ ③ $y=\dfrac{x}{2}$

x	-6	-4	-2	0	2	4	6
y							

(2) 次の関数について右の表を埋め，得られた座標を座標平面上に表せ．
① $y=\dfrac{6}{x}$ ② $y=-\dfrac{12}{x}$ ③ $y=-\dfrac{6}{x}$

x	-6	-3	-2	-1	0	1	2	3	6
y					/				

POINT 7-3 一次関数とグラフ

① $y = ax + b$ (a, b は定数) の関係を, y は x の**一次関数**であるといい, a を**傾き**(**勾配**), b を**切片**という.

② 一次関数 $y = ax + b$ のグラフは, y 軸上の点 $(0, b)$ を通る直線になる. 傾き a はグラフの立ち上がり具合を表す.

③ y の増加量 Δy と x の増加量 Δx の比の値を**変化の割合**という. 一次関数 $y = ax + b$ の傾き a は変化の割合に等しい. すなわち, $a = \dfrac{\Delta y}{\Delta x}$ である.

解説 ② $y = 2x + 3$ という一次関数を考えてみる. $-4 \leqq x \leqq 4$ の整数について y の値を表にして, 座標をプロットすると, 以下のようになる.

x	-4	-3	-2	-1	0	1	2	3	4
y	-5	-3	-1	1	3	5	7	9	11

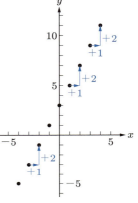

この表とグラフから, 次のことがわかる.

▶ x が 1 増えると, y は 2 だけ増える. このとき, y の増加量は傾き $a = 2$ に等しい.

▶ $x = 0$ のときの $y = 3$ は, 切片 b の値である.

これらのことから, 一次関数 $y = ax + b$ における a は, x が 1 増えたときの y の増加量となる. したがって, $y = 2x + 3$ において, x が 3 増える ($\Delta x = +3$) とき, y は 6 増える ($\Delta y = +6$).

③ 再度, 上の表を見てみる. いま, $x = 1$ から $x = 3$ まで, および $x = -3$ から $x = 2$ までを例として選んで, そのときの x, y の増加量 $\Delta x, \Delta y$ を求めてみると, 右表のようにな

 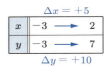

る. いずれも, Δy は Δx の 2 倍となっていることがわかる. このときの比の値 $\dfrac{\Delta y}{\Delta x} = 2$ を, 変化の割合という.

一次関数 (正比例を含む) の傾き a が変化の割合と等しくなることは, 次のように説明できる.

$y = ax + b$ において, x が x_1 から x_2 に変化したとき, y は右図のように y_1 から y_2 に変化する. このときの x, y の増加量は

$$\Delta x = x_2 - x_1, \quad \Delta y = y_2 - y_1 = (ax_2 + b) - (ax_1 - b) = ax_2 - ax_1$$

となる. したがって, 変化の割合は次のように得られる.

$$\frac{\Delta y}{\Delta x} = \frac{ax_2 - ax_1}{x_2 - x_1} = \frac{a(x_2 - x_1)}{x_2 - x_1} = a$$

以上を利用すると，一次関数のグラフは表を作らずに描くことができる．実際に，$y = 2x + 3$ のグラフを次の手順で描いてみよう．

(A) まず，切片は $b = 3$ であるから，y 軸上の $y = 3$ の位置 $(0, 3)$ に 1 つ目の点を打つ．

(B) 次に傾きは $a = 2$ なので，

$$a = \frac{\Delta y}{\Delta x} = 2 = \frac{2}{1} = \frac{4}{2} = \frac{6}{3} = \frac{8}{4} = \cdots$$

のように，さまざまな $\Delta x, \Delta y$ の組み合わせを考えられるが，どれでもよいので 1 つに決める．ここでは $\dfrac{\Delta y}{\Delta x} = \dfrac{8}{4}$ とする．そして，すでに $(0, 3)$ は決まっているので，この座標に $\Delta x = 4, \Delta y = 8$ を加えた位置 $(4, 11)$ に 2 つ目の点を打つ．

(C) 一次関数の形状は直線であるから，これら 2 点を通る直線を引けば，$y = 2x + 3$ のグラフが得られる．

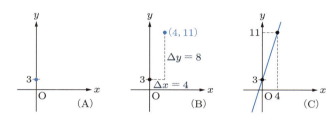

基本例題 7-3

$y = -\dfrac{1}{2}x + 1$ のグラフを描け．

解答 この関数の傾きは $a = -\dfrac{1}{2}$，切片は $b = +1$ である．傾き a がマイナスの場合，変化の割合は

$$\frac{\Delta y}{\Delta x} = -\frac{1}{2} = \frac{-1}{2} = \frac{-2}{4} = \frac{-3}{6} = \frac{-4}{8} = \cdots$$

のように，分子 Δy をマイナスと判断して，グラフを描けばよい．どの $\Delta x, \Delta y$ の組を採用してもよいが，$\dfrac{\Delta y}{\Delta x} = \dfrac{-3}{6}$ を用いる場合，下図のようにグラフが得られる．

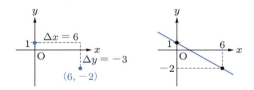

演習問題 703

次の一次関数のグラフを描け．

(1) $y = 3x - 4$ (2) $y = \dfrac{2}{3}x + 2$ (3) $y = -\dfrac{2}{5}x - 3$ (4) $y = -0.2x - 1$

7-4 二次関数とグラフ

① $y = ax^2 + bx + c$ ($a \neq 0, a, b, c$ は定数) の関係を，y は x の**二次関数**であるという．
② 二次関数 $y = ax^2$ のグラフは原点を通る**放物線**になる．このグラフは $a > 0$ のとき上側に開き，$a < 0$ のとき下側に開く．
③ 二次関数 $y = ax^2 + bx + c$ のグラフは，$y = ax^2$ のグラフを平行移動することで得られる．

解説 ② $y = 2x^2$ および $y = -2x^2$ を考えてみる．x と y の表を作ると次のようになる．

x	-3	-2	-1	0	1	2	3
$y = 2x^2$	18	8	2	0	2	8	18

x	-3	-2	-1	0	1	2	3
$y = -2x^2$	-18	-8	-2	0	-2	-8	-18

これらの点を描くと右のグラフが得られる．この形状の曲線を，放物線という．放物線において，増加から減少あるいは減少から増加に転じる（変化の割合がプラスからマイナスあるいはマイナスからプラスに変わる）点を，放物線の**頂点**という．$y = ax^2$ のグラフでは，頂点は原点である．

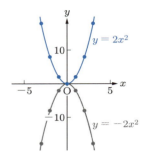

右のグラフから明らかなように，$y = ax^2$ について $a > 0$ のとき放物線は上側に開き，$a < 0$ のときは下側に開く．

③ $y = 2x^2$ のグラフを x 方向に $+10$，y 方向に $+5$ だけ平行移動すると，頂点は $(10, 5)$ に移動する．この平行移動したグラフの式について考えてみよう．

x 軸，y 軸とは別に，放物線の頂点を原点とする X 軸，Y 軸を作ると，平行移動したグラフの式は $Y = 2X^2$ と表せる．このとき $x = 10$ と $X = 0$ が対応するから $X = x - 10$，同様に $Y = y - 5$ となる．これらを用いて $Y = 2X^2$ を x, y で表せば，

$$y - 5 = 2(x - 10)^2 \quad \cdots (A)$$

よって，$y = 2x^2$ を x 方向に $+10$，y 方向に $+5$ だけ平行移動した式は，

$$y = 2(x - 10)^2 + 5$$

または展開して，

$$y = 2x^2 - 40x + 205$$

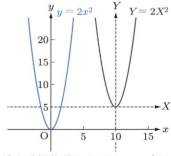

以上から，$y = ax^2$ のグラフを x 方向に p，y 方向に q だけ平行移動したグラフの式は

$$\boldsymbol{y - q = a(x - p)^2}$$

となる．一般的な $y = ax^2 + bx + c$ の形から，上式の形に変形することを，平方完成という．二次関数のグラフを描くときは，この形に式を変形してから頂点を求めるとよい．

基本例題 7-4

二次関数 $y = 2x^2 - 12x + 23$ のグラフを描け．

解答 平方完成は次のような手順で行う．

1) x^2 と x の項を x^2 の係数でくくる．
$$y = 2\left(x^2 - 6x\right) + 23$$

2) （　）の中の x の係数に着目し，その係数の 半分の2乗を（　）の中で加える ．それにともない，加えたぶんと同じだけ引くことで帳尻を合わせる．ここでは -6 の半分の2乗，すなわち $(-3)^2$ を（　）の中で加えるから，そのぶんを引いて
$$y = 2\left(x^2 - 6x\;+9\right)\;-18 + 23$$
となる．

3) 以上より（　）の中は因数分解できるから，
$$y = 2\left(x - 3\right)^2 + 5$$
すなわち，
$$y - 5 = 2\left(x - 3\right)^2$$

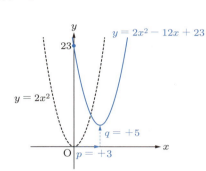

となる．この式は二次関数 $y = 2x^2$ を x 方向に $+3$，y 方向に $+5$ だけ平行移動したものだから，グラフに表すと右のようになる．

y 軸との交点（y 切片）は，二次関数の式に $x = 0$ を代入することで簡単に得られる．グラフを描いたあとに，y 切片を明記できる場合は記入しておくのがよい．

COLUMN　数式をグラフに表すときのルール

グラフを描くときは最初に x 軸，y 軸の目盛を設定する．そこに数式のグラフを描く場合，その x 軸，y 軸領域（図の青枠）内に存在する値はすべて描くのが一般的な決まりごとである．したがって右のグラフ A は正しいが，グラフ B は不完全である．

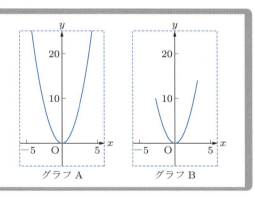

演習問題 704

(1) 次の二次関数を平方完成して，$y - q = a\left(x - p\right)^2$ の形に変形せよ．

① $y = 3x^2 + 12x + 17$　　② $y = -2x^2 - 12x - 12$　　③ $y = \dfrac{1}{2}x^2 - x + \dfrac{7}{2}$

(2) 次の二次関数のグラフを描け．

① $y = x^2 + 2x + 4$　　② $y = -2x^2 + 4x - 3$　　③ $y = \dfrac{1}{2}x^2 - 4x + 10$

7-5 グラフの交点

① 関数 $y = f(x)$ のグラフにおいて，x 軸との交点の座標は $f(x) = 0$ の解である．

② 2つの関数 $y = f(x), y = g(x)$ のグラフがあるとき，**2つのグラフの交点の座標は連立方程式の解**である．交点が存在しないときは，連立方程式の解も存在しない．

③ p, q を定数としたとき，$x = p$ のグラフは y 軸と平行，$y = q$ のグラフは x 軸と平行な直線である．

解説

① $y = -3x + 6$ のグラフを描くと右図のようになる．このときのグラフと x 軸の交点 A の座標 (x_A, y_A) を求めてみる．(x_A, y_A) は $y = -3x + 6$ の上にあるから，
$$y_A = -3x_A + 6$$
となる．また明らかに $y_A = 0$ であるから，代入して $0 = -3x_A + 6$，すなわち $x_A = 2$ となる．よって，点 A の座標は $A(2, 0)$ となり，$y = f(x)$ のグラフと x 軸の交点であることがわかる．

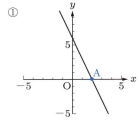

② 2つの一次関数 $y = x + 3$ と $y = -2x + 6$ について，グラフの交点 B の座標 (x_B, y_B) を考えてみる．点 B は両方の式を満たしているから，次が成立する．
$$\begin{cases} y_B = x_B + 3 \\ y_B = -2x_B + 6 \end{cases}$$

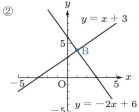

この連立方程式を解くと（→第 3 章），$B(1, 4)$ が得られる．

なお，$y = f(x), y = g(x)$ のグラフが交わらないとき，この連立方程式は解をもたない．次の 2 つの式を満たす x を求めようとすると，実数解をもたないことがわかる．
$$y = x^2, \quad y = \frac{1}{2}x - 3$$
また，これらのグラフを描くと交わらないことが確認できる．各自で確かめてみよう．

③ 上図の直線 m や直線 n のような，x 軸あるいは y 軸に平行なグラフの式は，$y = q$，$x = p$ の形で表される．

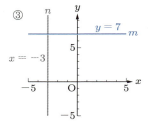

演習問題 705

2 つの関数 $y = x^2 - 4$ と $y = -2x + 4$ のグラフについて，次の問いに答えよ．

(1) $y = -2x + 4$ と x 軸との交点の座標を求めよ．
(2) $y = x^2 - 4$ と x 軸との交点の座標を求めよ．
(3) 2 つの関数を描くと右のように 2 点で交わる．このときのグラフの交点 A, B の座標を求めよ．

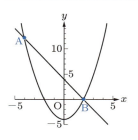

CHAPTER 7 章末問題

706 -5 から 5 の範囲で 1 刻みの目盛の数直線を描き，次の数値を数直線上に表せ．

$$4,\quad -4,\quad 2.8,\quad -2.8,\quad \frac{2}{3},\quad -\frac{2}{3},\quad \sqrt{3},\quad -\sqrt{3}$$

707 次の関数のそれぞれについて表を埋め，得られた座標を座標平面上に表せ．値が存在しない場合は「／」（スラッシュ）を記入すること．

(1) $y = 2x$ (2) $y = -\frac{3}{2}x$ (3) $y = \frac{6}{x}$ (4) $y = -\frac{12}{x}$

x	-4	-3	-2	-1	0	1	2	3	4
y									

708 次の一次関数のグラフを描け．

(1) $y = \frac{3}{2}x - 4$ (2) $y = -\frac{2}{5}x + 4$ (3) $y = \frac{1}{3}x + 1$ (4) $y = -2x - 4$

709 次に示す①〜④のグラフを表す一次関数の式を求めよ．

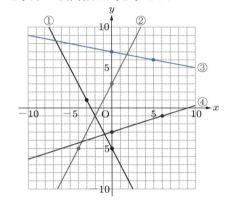

710 次の二次関数を平方完成して，$y - q = a(x - p)^2$ の形に変形したうえで，グラフを描け．

(1) $y = x^2 + 4x + 8$ (2) $y = 2x^2 - 12x + 15$ (3) $y = \frac{1}{3}x^2 + 4x + 13$

711 右に示すグラフについて，次の問いに答えよ．
(1) 直線 m，直線 n を表す一次関数の式を求めよ．
(2) 直線 m と直線 n の交点 P の座標を求めよ．
(3) △ACP，△BPD の面積を求めよ．

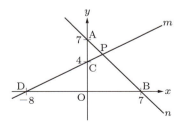

CHAPTER 8 三角比 I

POINT 8-1 三角形に関する基本事項

① 90° よりも小さい角度を**鋭角**，大きい角度を**鈍角**とよぶ．角度 θ について，

  ▶ 鋭角は $0° < \theta < 90°$　▶ **直角**は $\theta = 90°$　▶ 鈍角は $90° < \theta < 180°$

② 三角形の内側にある 3 つの角度（**内角**）の合計（内角の和）は **180°** である．

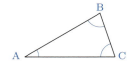

$$\angle A + \angle B + \angle C = 180°$$

③ 三角形の 1 つの内角が直角である三角形を**直角三角形**という．直角三角形において，直角に相対する最も長い辺を**斜辺**という．

④ 直角三角形の斜辺の長さを c，残りの 2 辺の長さを a, b とすると，$c^2 = a^2 + b^2$（**三平方の定理**）が成立する．

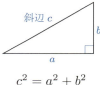

$$c^2 = a^2 + b^2$$

解説　② 三角形の内角の和が 180° であることから，次の性質が導かれる．

三角形の 1 つの辺と，となりの辺の延長とが作る角を**外角**という．右図から明らかなように，1 つの内角に対する外角は 2 つある．

いま，△ABC において，内角 $\angle A$ と外角 $\angle X$ の和は 180° になるから，

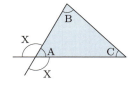

$$\angle A + \angle X = 180° \rightarrow \angle X = 180° - \angle A$$

また，三角形の内角の和は 180° だから，

$$\angle A + \angle B + \angle C = 180° \rightarrow \angle B + \angle C = 180° - \angle A$$

したがって，$\angle X = \angle B + \angle C$ となる．このことから「三角形の 1 つの外角は，それととなり合わない 2 つの内角の和に等しい」ことがわかる．

基本例題 8-1

右図について，以下の問いに答えよ．

(1) 角度 θ を求めよ．

(2) 三平方の定理を用いて，辺 BC および辺 AB の長さを求めよ．

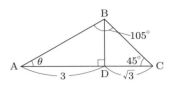

解答 この図の中には，三角形が 3 つある（△ABC，△ABD，△BCD）．求めたいものに応じて，どの三角形を使えばよいのかを考えていく．

(1) △ABC で考えると，内角の和が 180° であるから，

$$\theta + 105° + 45° = 180$$

$$\theta = 30°　\text{答}$$

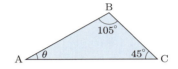

(2) △BCD は直角二等辺三角形だから，

$$BD = CD = \sqrt{3}$$

斜辺が BC であるから三平方の定理を適用して，

$$BC^2 = \sqrt{3}^2 + \sqrt{3}^2$$

$$BC^2 = 6　\rightarrow　BC = \sqrt{6}　\text{答}$$

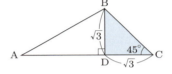

同様に △ABD は斜辺が AB の直角三角形だから，

$$AB^2 = 3^2 + \sqrt{3}^2$$

$$AB^2 = 12　\rightarrow　AB = \sqrt{12} = 2\sqrt{3}　\text{答}$$

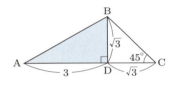

演習問題 801

(1) 次の図形について，角度 x を求めよ．

① 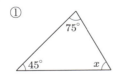　② 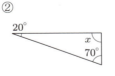　③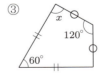

(2) 次の図形について，長さ x を求めよ．

① 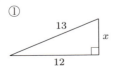　② 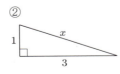　③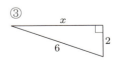

8-1 三角形に関する基本事項

8-2 平行線の性質と直角三角形の相似

① 2本の直線が交差するとき，交点で向かい合う角を**対頂角**という．**対頂角は常に等しい**．

② 2直線に1本の直線が交わるとき，同じ位置関係にある2つの角を**同位角**という．**2直線が平行であるとき，同位角は等しい**．

③ 2つの図形があるとき，一方の図形を拡大または縮小して他方とぴったり重なるならば，2つの図形は**相似**であるという．また，△ABC と △A′B′C′ が相似であることを，記号 ∽ を使って

$$\triangle ABC \backsim \triangle A'B'C'$$

と表す．

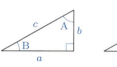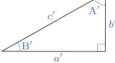

④ 2つの直角三角形では，次のいずれかの条件を満たしていれば，相似である．
   (i) 直角以外の1つの角度が等しい（**一鋭角相等**）
   (ii) 対応する2辺の比が等しい

⑤ 相似な2つの三角形では，次が成立する．
   (i′) 対応する角はすべて等しい
   (ii′) 対応する辺の比はすべて等しい

解説 ② 「対頂角は等しい」と「平行線の同位角は等しい」を組み合わせると，右図のような位置関係の ∠A と ∠B について，∠A = ∠B となることがわかる．この Z のような形の位置関係にある2つの角を**錯角**とよぶ．上記①②に加えて，「**平行線の錯角は等しい**」という定理も覚えておこう．図中の「>」は2本の線が平行であることを示す記号である．

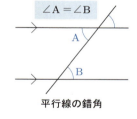

③ 2つの図形が相似であることを表記するときは，対応する頂点を同じ順に並べる．たとえば右の2つが相似である場合，△ABC ∽ △DEF と書くのが正しい．△ABC ∽ △EDF と書くのは誤りである．

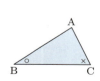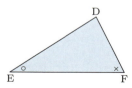

④ 2つの直角三角形が相似であるか否かは，(i) または (ii) を示せばよい．直角三角形では1つの内角は 90° なので，残りの2つの内角は合計して 90° になる．すなわち両方

52 　第8章　三角比 I

とも 90° 以下の角度（鋭角）になることから，**一鋭角相等**という表現が用いられる．

また，(ii) の「対応する 2 辺の比が等しい」ことを示す場合には，

$$AB : A'B' = BC : B'C'$$

のような 2 辺の比で表現すればよい．あるいは，比の値を用いて，

$$\frac{A'B'}{AB} = \frac{B'C'}{BC} \quad \text{または} \quad \frac{BC}{AB} = \frac{B'C'}{A'B'}$$

と表現してもかまわない．

基本例題 8-2

直角三角形 ABC の内部に，図のように線分 DE，DF を引く．

(1) △ABC と相似な三角形をすべて挙げよ．
(2) 線分 DF の長さを求めよ．
(3) 辺 AB と線分 AD の長さを求めよ．

解答 (1) 平行線の同位角を考慮して，直角になる角と，θ になる角を記入すると，右図のようになる．直角三角形の相似条件である一鋭角相等を満たす三角形を探せばよいから，
△DBF と △ADE　**答**

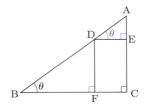

(2) △ABC ∽ △DBF より，対応する辺の比は等しい．線分 DF の長さを x とすると，

$$BC : AC = BF : DF \rightarrow 4 : 3 = 3 : x$$

$$x = \frac{9}{4} \quad \textbf{答}$$

(3) △ABC に三平方の定理を用いると，$AB^2 = BC^2 + AC^2$．
よって，$AB^2 = 4^2 + 3^2 \rightarrow AB = 5$　**答**

△ABC ∽ △ADE より，

$$AB : BC = AD : DE \rightarrow 5 : 4 = AD : 1$$

$$AD = \frac{5}{4} \quad \textbf{答}$$

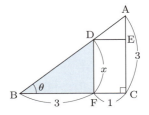

演習問題 802

次の図形について，長さ x, y を求めよ．

(1) 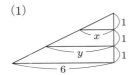　(2) 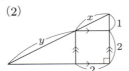　(3)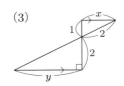

8-2　平行線の性質と直角三角形の相似

POINT 8-3 三角比

① 直角三角形では，1つの鋭角の大きさが定まると3辺の比は1つに定まる．そのときの2辺の比の値を**三角比**とよぶ．よく使われる三角比は次の3つである．

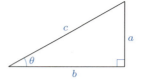

$$\sin\theta = \frac{a}{c}, \quad \cos\theta = \frac{b}{c}, \quad \tan\theta = \frac{a}{b}$$

② $\theta = 30°, 45°$ を含む直角三角形の辺の比は，下図のようになる．

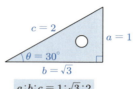
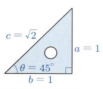

③ 直角三角形において，1辺の長さと1つの鋭角の大きさがわかると，三角比を用いてほかの2辺の長さを求められる．

解説 ① 三角比は a, b, c を用いて上記のように定義される．覚え方は，θ と直角の位置関係を把握したうえで，$\sin\theta, \cos\theta, \tan\theta$ について以下の図をなぞりながら「これ分のこれ」などと覚えればすぐに身につく．なお，$\sin$ の値を**正弦**，$\cos$ の値を**余弦**，$\tan$ の値を**正接**ともいう．

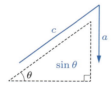
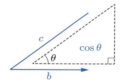
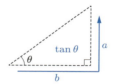

② $\theta = 30°, 45°$ の直角三角形は，どちらも三角定規の形と同じである．これらの三角形の辺の比は，必ず覚えること．それぞれ $a:b:c = 1:\sqrt{3}:2$ および $1:1:\sqrt{2}$ である．なお，$\theta = 30°$ の三角定規の向きを変えれば，$\theta = 60°$ の比も同様に得られる．

③ 直角三角形では，一鋭角相等であれば大きさによらずすべての三角形が相似になるので，3辺の比は1つに定まる．したがって1辺の長さがわかれば，残り2辺の長さも三角比を用いて下図のように求めることができる．

▶ 図（ア）では，$\sin\theta = \dfrac{a}{c}, \cos\theta = \dfrac{b}{c}$ より，$a = c\cdot\sin\theta, b = c\cdot\cos\theta$

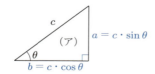
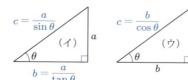
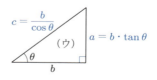

▶ 図（イ）では，$\sin\theta = \dfrac{a}{c}$, $\tan\theta = \dfrac{a}{b}$ より，$c = \dfrac{a}{\sin\theta}$, $b = \dfrac{a}{\tan\theta}$

▶ 図（ウ）では，$\cos\theta = \dfrac{b}{c}$, $\tan\theta = \dfrac{a}{b}$ より，$c = \dfrac{b}{\cos\theta}$, $a = b\cdot\tan\theta$

これらのうち，（イ）（ウ）は繁分数になることが多いので（ア）をベースにして導出できればよい．（ア）の公式を覚えて，いつでも使えるように訓練しておこう．

基本例題 8-3

(1) $\sin 30°$, $\cos 30°$ を求めよ．
(2) 右の直角三角形について，a, b の長さを求めよ．
(3) 得られた a, b が三平方の定理を満たすことを示せ．

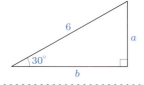

解答
(1) POINT ②の三角定規の辺の比を参照すれば，$\sin 30° = \dfrac{1}{2}$, $\cos 30° = \dfrac{\sqrt{3}}{2}$ 【答】

(2) 与えられた図で三角比を考えると，
$$\sin 30° = \dfrac{a}{6}, \quad \cos 30° = \dfrac{b}{6}$$
ここで，$\sin 30° = \dfrac{1}{2}$, $\cos 30° = \dfrac{\sqrt{3}}{2}$ だから，$\dfrac{a}{6} = \dfrac{1}{2}$, $\dfrac{b}{6} = \dfrac{\sqrt{3}}{2}$
したがって，$a = 3$, $b = 3\sqrt{3}$ 【答】

※ 慣れてきたら POINT ③の公式を直接適用して $a = 6\cdot\sin 30°$ のように直接求めればよい．

(3) 斜辺が6なので，三平方の定理より $a^2 + b^2 = 6^2$ となればよい．左辺に $a = 3$, $b = 3\sqrt{3}$ を代入して変形すると，
$$(\text{左辺}) = a^2 + b^2 = 3^2 + \left(3\sqrt{3}\right)^2 = 9 + 27 = 36 = (\text{右辺})$$ 【終】

COLUMN 三角比を身につける方法

三角比で基本となる角度の $30°, 45°, 60°$ については，三角定規の辺の比（$1:\sqrt{3}:2$ および $1:1:\sqrt{2}$）を覚えておく必要があるが，右のように三角定規に辺の比や角度を記入したものを用意して考えるとよい．これは，三角比の相互関係（→ **8-4**）や，$90°$ 以上の三角比（→ **9-3**）を扱うときにも役立つ．

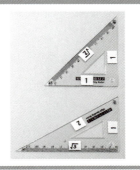

演習問題 803

次の問いに答えよ．
(1) $\sin 60°$, $\cos 60°$ を求めよ．
(2) 右の直角三角形について，AC, BC の長さを求めよ．
(3) 右の直角三角形について，AE, DE の長さを求めよ．

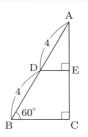

8-4 三角比の相互関係

POINT

① $(\sin\theta)^2 + (\cos\theta)^2 = 1$. これを $\sin^2\theta + \cos^2\theta = 1$ と記述する.

② $\tan\theta = \dfrac{\sin\theta}{\cos\theta}$, $\quad 1 + \tan^2\theta = \dfrac{1}{\cos^2\theta}$

③ $45° < \theta < 90°$ の三角比は，$45°$ 以下の三角比で表すことができる.

解説

① 右図の三角形において,

▶三平方の定理 (→ **8-1**)：$a^2 + b^2 = c^2$

▶三角比 (→ **8-3**)：$\sin\theta = \dfrac{a}{c}$, $\cos\theta = \dfrac{b}{c}$, $\tan\theta = \dfrac{a}{b}$

である．三平方の定理の両辺を c^2 で割ると，

$$\dfrac{a^2}{c^2} + \dfrac{b^2}{c^2} = 1 \;\rightarrow\; \left(\dfrac{a}{c}\right)^2 + \left(\dfrac{b}{c}\right)^2 = 1 \;\rightarrow\; (\sin\theta)^2 + (\cos\theta)^2 = 1$$

と得られる．三角比の 2 乗 $(\sin\theta)^2$ は普通，$\sin^2\theta$ のように表すので，

$$\sin^2\theta + \cos^2\theta = 1$$

② $\tan\theta = \dfrac{a}{b}$ なので，

$$\tan\theta = \dfrac{a}{b} = \dfrac{a \times \dfrac{1}{c}}{b \times \dfrac{1}{c}} = \dfrac{\left(\dfrac{a}{c}\right)}{\left(\dfrac{b}{c}\right)} = \dfrac{\sin\theta}{\cos\theta}$$

と変形できる．また，$\sin^2\theta + \cos^2\theta = 1$ の両辺を $\cos^2\theta$ で割ると，

$$\dfrac{\sin^2\theta}{\cos^2\theta} + 1 = \dfrac{1}{\cos^2\theta}$$

となる．すなわち，

$$\tan^2\theta + 1 = \dfrac{1}{\cos^2\theta} \;\rightarrow\; 1 + \tan^2\theta = \dfrac{1}{\cos^2\theta}$$

③ **8-3** で定義した三角比は，直角三角形の 2 辺の比である．直角三角形では 1 つの内角が $90°$ であるから，残り 2 つの内角の和は $90°$ となる．

いま，$60°$ の角度をもつ三角定規で考えてみると，もう 1 つの角度は $90 - 60 = 30°$ である．図のように三角定規の向きを変えると，同じ三角形で $60°$，$30°$ 両方の三角比が得られることがわかる．さらに

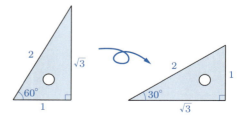

$$\sin 60° = \dfrac{\sqrt{3}}{2}, \quad \cos 30° = \dfrac{\sqrt{3}}{2}$$

であるから，$\sin 60° = \cos 30°$ となることがわかる．このような考え方を使えば，$45° < \theta < 90°$ の三角比は，$90° - \theta$（$0 < 90° - \theta < 45°$）の三角比で表すことができる．

基本例題 8-4

(1) $\sin\theta = \dfrac{4}{5}$ のとき，$\cos\theta$, $\tan\theta$ を求めよ．$\cos\theta > 0$, $\tan\theta > 0$ とする．

(2) $\cos 63°$, $\tan 63°$ を $45°$ 以下の三角比で表せ．

解答 (1) $\sin^2\theta + \cos^2\theta = 1$ に $\sin\theta = \dfrac{4}{5}$ を代入して，$\left(\dfrac{4}{5}\right)^2 + \cos^2\theta = 1$

∴ $\cos^2\theta = \dfrac{9}{25}$. ここで $\cos\theta > 0$ であるから，$\cos\theta = \dfrac{3}{5}$ **答**

$1 + \tan^2\theta = \dfrac{1}{\cos^2\theta}$ に $\cos\theta = \dfrac{3}{5}$ を代入して，

$$1 + \tan^2\theta = \dfrac{1}{\left(\dfrac{3}{5}\right)^2} \text{ より，} 1 + \tan^2\theta = \dfrac{25}{9} \to \tan^2\theta = \dfrac{16}{9}$$

ここで $\tan\theta > 0$ であるから，$\tan\theta = \dfrac{4}{3}$ **答**

(2) 右図のように $63°$ の角度をもつ直角三角形の斜辺を c，残りの 2 辺を a, b とすると，$\cos 63° = \dfrac{b}{c}$．また，残りの鋭角は $27°$ となる．向きを変えてみると，$\dfrac{b}{c}$ は $27°$ の正弦になっていることがわかる．したがって，$\cos 63° = \dfrac{b}{c} = \sin 27°$ **答**

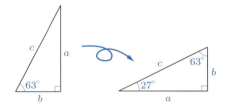

また，同図より $\tan 63° = \dfrac{a}{b}$, $\tan 27° = \dfrac{b}{a}$ であるから，互いに逆数の関係になる．したがって，$\tan 63° = \dfrac{a}{b} = \dfrac{1}{\tan 27°}$ **答**

演習問題 804

次の問いに答えよ．

(1) $\cos\theta = \dfrac{5}{13}$ のとき，$\sin\theta$ を求めよ．$\sin\theta > 0$ とする．

(2) $\cos\theta = \dfrac{3}{4}$ のとき，$\tan\theta$ を求めよ．$\tan\theta > 0$ とする．

(3) 次の三角比を，$45°$ 以下の三角比で表せ．

　① $\sin 80°$　　② $\cos 58°$　　③ $\tan 75°$

CHAPTER 8 章末問題

805 次の図形について，長さ x を求めよ．
(1)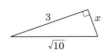
(2)
(3)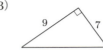

806 次の図形について，角度 x を求めよ．
(1)
(2)
(3)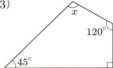

807 次の図形について，長さ x, y を求めよ．
(1)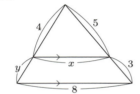
(2)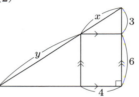
(3)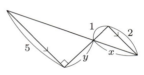

808 次の図について，$\sin\theta, \cos\theta, \tan\theta$ を求めよ．
(1)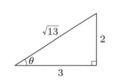
(2)
(3)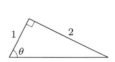

809 $\sin 60°, \cos 60°, \tan 60°$ を求めよ．

810 右図に示すような水平面から $12°$ の傾斜をもつ斜面に沿って $500\,\mathrm{m}$ 進んだ．このとき鉛直方向には何 m 上ったことになるか．$\sin 12° = 0.208$ として求めよ．

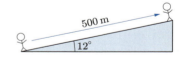

811 $\tan\theta = \dfrac{1}{3}$ のとき，$\sin\theta, \cos\theta$ を求めよ．ただし $\sin\theta > 0, \cos\theta > 0$ とする．

812 次の三角比を，$45°$ 以下の三角比で表せ
(1) $\sin 75°$ (2) $\cos 72°$ (3) $\tan 65°$

813 次の問いに答えよ．

(1) $\sin 20°$ と $\sin 25°$ の大小関係を，不等号を使って表せ．

(2) $\cos 20°$ と $\cos 25°$ の大小関係を，不等号を使って表せ．

(3) $\sin 15°$ と $\cos 80°$ の大小関係を，不等号を使って表せ．

814 点 O を中心とする半径 3 の円がある．この円の直径を AB とするとき，AC = 3 となる点を円周上にとる．このとき次の問いに答えよ．

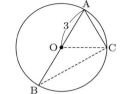

(1) ∠OAC の角度の大きさを求めよ．

(2) ∠ABC の角度の大きさを求めよ．

(3) BC の長さを求めよ．

815 直角三角形 ABC の頂点 C から，斜辺 AB に垂線 CD を下ろしたところ，右図に示すような長さになった．このとき次の問いに答えよ．ただし，AD > BD とする．

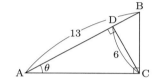

(1) △ABC と相似な三角形をすべて挙げよ．

(2) 線分 AD および線分 BD の長さを求めよ．

(3) $\tan\theta$ の値を求めよ．

816 N 君は，60° と 45° の差が 15° であることを利用すれば，$\sin 15°$ の値を得ることができると考えて，右の図を描いた．このとき，以下の手順で $\sin 15°$ を求めよ．

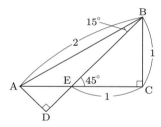

(1) ∠BAC を求めよ．

(2) AE の長さを求めよ．

(3) △EAD の形状に注目して，AE : AD の比を求めよ．

(4) AD の長さを求めよ．

(5) △BAD に着目して，$\sin 15°$ を求めよ．

CHAPTER 9 三角比 II

POINT 9-1 円の性質

① 弧 $\overset{\frown}{AB}$ の両端と $\overset{\frown}{AB}$ 外の円周上の 1 点を結んだときにできる角を**円周角**といい，$\overset{\frown}{AB}$ の両端と円の中心を結んだときにできる角を**中心角**という．同一の弧に対する円周角は，中心角の半分の大きさである．

② 半円の中心角は $180°$ であるから，半円に対する円周角は $90°$（直角）になる．

③ 同一の弧に対する円周角はすべて等しい．

④ 半径 r の円について，円周の長さは $2\pi r$，面積は πr^2 である．

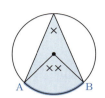
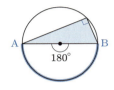

解説 ① 円周上に 2 点 A, B があるとき，その A と B で切り取った円の一部を弧という．一方，A と B を線分で結んだものは**弦**という．下図の青色で示された部分の弧は，$\overset{\frown}{AB}$ と書く．反対側の C を通る長い弧を示すときは，$\overset{\frown}{ACB}$ のように表す．

ここで，中心角と円周角の関係を考えてみる．下図において $\triangle$OAC と $\triangle$OBC は二等辺三角形であること，また，三角形の内角の和が $180°$ であることを踏まえると，図右のような関係が得られる．中心角は $2a + 2b$，円周角は $a + b$ となり，円周角は中心角の半分になる．

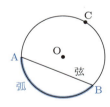
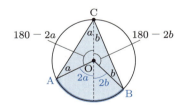

② 弦 AB が円の中心を通る（すなわち AB が直径である）とき，$\overset{\frown}{AB}$ の中心角は明らかに $180°$ である．円周角は中心角の半分であるから，半円に対する円周角は $90°$ である．

③ 弧 $\overset{\frown}{AB}$ に対して，中心角は 1 つに決まるが，円周角は無数に作ることができる．円周角は中心角の半分になるから，右図の $\angle$C，$\angle$D，$\angle$E はすべて等しい．

④ 円周の長さは「直径 × 円周率」，円の面積は「半径 × 半径 × 円周率」だから，円の半径を r とすると円周の長さは $2\pi r$，円の面積は πr^2 と表される．

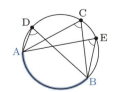

基本例題 9-1

(1) 図の弦 BC の長さを求めよ．AB は直径である．

(2) 半径 6，中心角 60° の扇形があるとき，弦 AB，弧 AB の長さを求めよ．

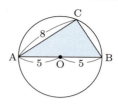

解答 (1) $\overarc{AB}$ は半円であるから，∠C=90°

よって △ABC は直角三角形だから，三平方の定理を適用できて，

$$AC^2 + BC^2 = AB^2 \rightarrow 8^2 + BC^2 = 10^2$$
$$BC^2 = 36 \rightarrow BC = 6 \quad \text{答}$$

(2) 問題を図に表すと，右のようになる．

△OAB は正三角形だから，OA = OB = AB = 6　答

AB について，円の 1 周は 360° であることを考えると，そのうちの 60° ぶんだけ切り取ることになるから，

$$\overarc{AB} = 12\pi \times \frac{60}{360} = 2\pi \quad \text{答}$$

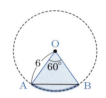

演習問題 901

(1) 次の図形について，角度 x, y を求めよ．O は円の中心である．

① 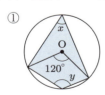　② 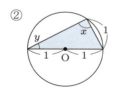　③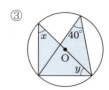

(2) 次の図形について，円の半径が 5 であるとき，弧 $\overarc{AB}$ の長さを求めよ．O は円の中心である．

① 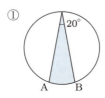　② 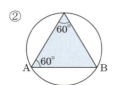　③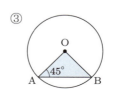

9-1　円の性質

POINT 9-2 弧の長さと弧度法

① 中心角 a [°]，半径 r の扇形の弧の長さ L は，$L = 2\pi r \times \dfrac{a}{360}$

② 半径 1 の円があるとき，その中心角によってできる弧の長さで角度を表す方法を**弧度法**という．角度を弧度法で表すときは，**ラジアン** [rad] という単位を用いる．一方，30°, 60°, 90° といった [°] を用いた角度の表し方を**度数法**という．

③ π [rad] = 180°，$1° = \dfrac{\pi}{180}$ [rad]

④ 半径 r の扇形の中心角を θ [rad] で表すと，弧の長さは $L = r\theta$，面積は $S = \dfrac{1}{2}Lr$

解説 ① 弧の長さを考えるときは中心角に着目する．半径 r の円の円周の長さ $2\pi r$ は，中心角 360° の弧の長さに相当する．この関係を利用すると，中心角 1° の弧の長さは $\dfrac{2\pi r}{360}$ になる．中心角が a [°] であれば，これが a 個集まるわけだから，

$$L = \dfrac{2\pi r}{360} \times a = 2\pi r \times \dfrac{a}{360}$$

$L = 2\pi r$

$L = 2\pi r \times \dfrac{a}{360}$

② 扇形の弧の長さは，角度と半径が決まれば 1 つに定まる．逆に考えれば，半径と弧の長さが決まれば角度が定まることになる．いま，半径を $r = 1$ で固定すると，

▶ 中心角 360° のときの弧の長さ　$L = 2\pi r = 2\pi$　（円周）

▶ 中心角 180° のときの弧の長さ　$L = 2\pi r \times \dfrac{180}{360} = \pi$

▶ 中心角 90° のときの弧の長さ　$L = 2\pi r \times \dfrac{90}{360} = \dfrac{\pi}{2}$

となる．このとき得られる弧の長さは扇形の角度を 1 つに決めるので，L の値を角度として扱うことができる．この角度の表し方を弧度法といい，単位 [rad] をつける．したがって，$360° = 2\pi$ [rad], $180° = \pi$ [rad], $90° = \dfrac{\pi}{2}$ [rad] である．

$L = 2\pi$

$L = \pi$

$L = \dfrac{\pi}{2}$

③ 上に述べたとおり $180° = \pi$ [rad] だから，$1° = \dfrac{\pi}{180}$ [rad], a [°] $= \dfrac{\pi}{180}a$ [rad] となる．

きりのよい角度（30°, 45°, 60° など）の弧度法表記は，次のように簡単な分数の計算で求められる．

▶ 60°の場合，180° = π [rad] の $\frac{1}{3}$ 倍なので，

$$60° = π \,[\text{rad}] \times \frac{1}{3} = \frac{π}{3}\,[\text{rad}]$$

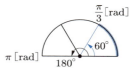

▶ 135°の場合，図のように 45°の 3 個ぶんと考えれば，$45° = \frac{90°}{2} = \frac{π}{4}\,[\text{rad}]$ なので，

$$135° = \frac{π}{4}\,[\text{rad}] \times 3 = \frac{3}{4}π\,[\text{rad}]$$

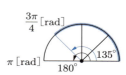

④ 扇形の中心角を弧度法で表したとき，②の定義から，中心角 $θ\,[\text{rad}]$ は半径 1 の扇形 A の弧の長さを表していることになる．ここで半径 3，中心角 $θ\,[\text{rad}]$ の扇形 B を考えると，A と B は相似（→ 8-2）になるから，B の弧の長さは A の

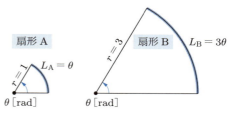

弧の長さの 3 倍，すなわち $L_B = 3θ$ になる．同様に，半径 r の扇形の場合は $L = rθ$ となる．

円の面積は $πr^2$ であるから，中心角が $θ\,[\text{rad}]$ である扇形の面積は，1 周ぶん $2π\,[\text{rad}]$ のうちの $θ$ ぶんを考えればよいから，

$$S = πr^2 \times \frac{θ}{2π} = \frac{r^2θ}{2} = \frac{1}{2} \times rθ \times r = \frac{1}{2}Lr$$

基本例題 9-2

(1) 30° を弧度法で表せ．
(2) $\frac{2}{9}π\,[\text{rad}]$ を度数法で表せ．
(3) 半径 8，中心角 30° の扇形の弧の長さ L を求めよ．

解答 (1) $1° = \frac{π}{180}\,[\text{rad}]$ だから，$30° = \frac{π}{180} \times 30 = \frac{π}{6}\,[\text{rad}]$ **答**

(2) $π\,[\text{rad}] = 180°$ だから，$\frac{2}{9}π\,[\text{rad}] = \frac{2}{9} \times 180° = 40°$ **答**

(3) 中心角 $a = 30°$ だから，$L = 2πr \times \frac{30}{360} = 2π \times 8 \times \frac{1}{12} = \frac{4}{3}π$ **答**

別解 $30° = \frac{π}{6}\,[\text{rad}]$ だから，$L = rθ = 8 \times \frac{π}{6} = \frac{4}{3}π$ **答**

演習問題 902

次の角度について，度数法の場合は弧度法に，弧度法の場合は度数法に変換せよ．

(1) 45°　　(2) 120°　　(3) 150°　　(4) $\frac{π}{5}\,[\text{rad}]$　　(5) $\frac{5π}{6}\,[\text{rad}]$　　(6) $\frac{3π}{5}\,[\text{rad}]$

9-3 鈍角の三角比と単位円

① $90° < \theta < 180°$ ($\frac{\pi}{2}$ [rad] $< \theta < \pi$ [rad]) の三角比
は，右図の記号で表すと
$$\sin\theta = \frac{a}{r}, \quad \cos\theta = \frac{-b}{r}, \quad \tan\theta = \frac{a}{-b}$$

② 鈍角 θ の三角比と，鋭角 ($180° - \theta$) の三角比の間
には，以下の関係が成り立つ．
$$\sin\theta = \sin(180° - \theta), \quad \cos\theta = -\cos(180° - \theta), \quad \tan\theta = -\tan(180° - \theta)$$

③ 原点を中心とする半径 1 の単位円を描き，x 軸と角度 θ をなす半直線を引いたとき，
単位円と半直線の交点の座標 (x, y) は $(\cos\theta, \sin\theta)$ になる．

④ ▶ $\sin 0° = 0, \cos 0° = 1$　▶ $\sin 90° = 1, \cos 90° = 0$
　▶ $\sin 180° = 0, \cos 180° = -1$

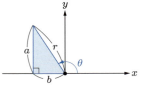

解説　①　第 8 章より，$\theta = 60°$ の三角比は，辺の比が $1 : \sqrt{3} : 2$ である直角三角形を描いて
考えればよいから，
$$\sin 60° = \frac{a}{r} = \frac{\sqrt{3}}{2}, \quad \cos 60° = \frac{b}{r} = \frac{1}{2}, \quad \tan 60° = \frac{\sqrt{3}}{1}$$
である．では，$\theta = 120°$ の三角比を考えてみよう．120° の角度をもつ三角形では，残り
の 2 つの角度の合計は 60° にしかならないから，直角三角形を描くことができない．そこ
で x 軸を左にのばして，斜辺の端 B から x 軸に垂線を下ろすと，60° の角度をもつ直角
三角形が描ける．

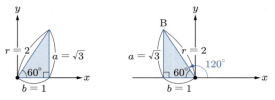

このとき，鋭角の三角比の場合と比較すると，a はどちらも上向きであるが，b の向きが
x 軸上で左右反対になっていることがわかる．鈍角の三角比では，この左向きの b をマイ
ナス符号で表す．すなわち，
$$\sin 120° = \frac{a}{r} = \frac{\sqrt{3}}{2}, \quad \cos 120° = \frac{-b}{r} = \frac{-1}{2}, \quad \tan 120° = \frac{\sqrt{3}}{-1}$$

②　鈍角の三角比と鋭角の三角比の関係は，y 軸に関
して対称な 2 つの直角三角形を考えれば容易に得られる．
右図を参照すれば，
$$\sin\theta = \frac{a}{r} = \sin(180° - \theta)$$
$$\cos\theta = \frac{-b}{r} = -\frac{b}{r} = -\cos(180° - \theta)$$

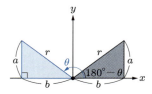

$$\tan\theta = \frac{a}{-b} = -\frac{a}{b} = -\tan(180° - \theta)$$

③ 半径が 1 の円のことを単位円という．いま，右図のように，原点を始点として x 軸の正の方向と $60°$ の角をなす半直線を引き，交点 P から x 軸に垂線を下ろして直角三角形を作る．直角三角形の斜辺は $r = 1$ となるから，

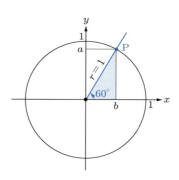

$$\sin 60° = \frac{a}{r} = a$$

となり，$a = \sin 60°$ となる．同様に $b = \cos 60°$ となる．

ところで a は交点 P の y 座標，b は x 座標を表しているから，角度 θ の半直線と単位円との交点座標は $(x, y) = (\cos\theta, \sin\theta)$ となる．

④ $(x, y) = (\cos\theta, \sin\theta)$ を用いれば，直角三角形を描けない角度（$0°$，$90°$，$180°$）の三角比も定義することができる（→ **903, 909**）．

基本例題 9-3

座標平面上に原点を中心とする単位円を描き，x 軸の正の方向と $150°$ の角をなす半直線を引く．このとき以下の問いに答えよ．

(1) $150°$ を [rad] で表せ．
(2) $\sin 150°$，$\cos 150°$ を求めよ．
(3) 交点 P の座標 (x, y) を求めよ．

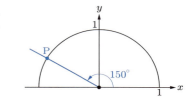

解答 (1) $150° = 150 \times 1° = 150 \times \dfrac{\pi}{180}\,[\text{rad}] = \dfrac{5}{6}\pi\,[\text{rad}]$ **答**

(2) 右図を参照して，

$$\sin 150° = \frac{a}{r} = \frac{1}{2}\ \text{答},$$
$$\cos 150° = \frac{-b}{r} = \frac{-\sqrt{3}}{2} = -\frac{\sqrt{3}}{2}\ \text{答}$$

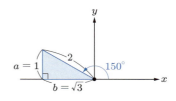

(3) $(x, y) = (\cos 150°, \sin 150°) = \left(-\dfrac{\sqrt{3}}{2}, \dfrac{1}{2}\right)$ **答**

演習問題 903

(1) 次の値を求めよ．④〜⑥の角度の単位は [rad] である．

① $\sin 135°$ ② $\cos 135°$ ③ $\tan 135°$ ④ $\sin \dfrac{2}{3}\pi$ ⑤ $\cos \dfrac{2}{3}\pi$ ⑥ $\tan \dfrac{2}{3}\pi$

(2) 単位円を用いて，$\sin 90°$，$\cos 90°$ を求めよ．

POINT 9-4 三角方程式

① $\sin\theta = \dfrac{1}{2}$ や $2\cos\theta + 1 = 0$ のように，角度が未知の三角比を含む方程式を**三角方程式**という．

② 三角方程式は，次の4つを利用して解くことができる．
　▶直角三角形の辺の比　▶単位円　▶置き換え　▶三角比の相互関係

解説 ②　三角方程式を解くには，角度の条件や式の形などにあわせて，4つの解法を適切に使いこなす必要がある．いずれの方法で解く場合も，$\sin\theta, \cos\theta, \tan\theta$ の値を求めてから θ を決定する流れになる．4種類の解き方を，それぞれ次の例題で見てみる．

基本例題 9-4

次の三角方程式を解け．

(1) $\sin\theta = \dfrac{1}{2}$ 　$(0° < \theta < 90°)$

(2) $\sin\theta = \dfrac{1}{2}$ 　$(0° < \theta < 180°)$

(3) $2\cos^2\theta + \cos\theta - 1 = 0$ 　$(0° \leqq \theta \leqq 180°)$

(4) $2\sin^2\theta = 1 - \cos\theta$ 　$(0° \leqq \theta \leqq 180°)$

解答 (1) θ の範囲が鋭角である場合，直角三角形の辺の比と角度の関係を利用して θ を求められる．$\sin\theta = \dfrac{1}{2}$ となる直角三角形を描くと右図のようになり，さらに三平方の定理から底辺の長さが $\sqrt{3}$ になる．$1:2:\sqrt{3}$ の比が得られたから，$\theta = 30°$ **答**

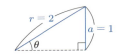

(2) θ の範囲に鈍角が入る場合は，直角三角形の代わりに単位円を利用する．$\sin\theta = \dfrac{1}{2}$ のとき，θ は単位円上で $y = \dfrac{1}{2}$ となる角度であるから，単位円上に $y = \dfrac{1}{2}$ の点を打つと右図のようになる．点が A と B の 2 つ存在するので，1つずつ考える．

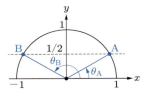

　点 A については，θ_A をもつ直角三角形の辺の比が (1) と同じなので，$\theta_A = 30°$．
　点 B については，y 軸に関して点 A と対称の位置になるから，$\theta_B = 150°$．
　よって，$\theta = 30°, 150°$ **答**

(3) $\cos^2\theta = (\cos\theta)^2$ であるから，与えられた方程式は $2(\cos\theta)^2 + \cos\theta - 1 = 0$ となる．ここで $\cos\theta = x$ と置くと，方程式は

$$2x^2 + x - 1 = 0$$

となる．これは x に関する二次方程式であるから因数分解を用いて（→ **6-2**），

$$(2x - 1)(x + 1) = 0 \ \to\ x = \dfrac{1}{2}, -1$$

すなわち，$\cos\theta = \dfrac{1}{2}, \cos\theta = -1$ となる．$\cos\theta$ の値は単位円の x 座標であることから，右図を参照すれば，$\theta_A = 60°, \theta_B = 180°$ と求められる．

よって，$\theta = 60°, 180°$ 答

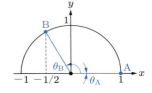

(4) この方程式は $\sin\theta$ と $\cos\theta$ が混在しているので，三角比の相互関係を利用してどちらかに統一してから，文字の置き換えを用いる．**8-4** より $\sin^2\theta = 1 - \cos^2\theta$ であるから，方程式は

$$2\left(1 - \cos^2\theta\right) = 1 - \cos\theta$$

と書ける．ここで $\cos\theta = x$ と置くと，

$$2\left(1 - x^2\right) = 1 - x \rightarrow 2x^2 - x - 1 = 0$$
$$(2x+1)(x-1) = 0 \rightarrow x = -\dfrac{1}{2}, 1$$

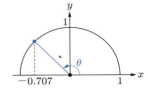

となる．したがって $\cos\theta = -\dfrac{1}{2}, 1$ だから，右図より，$\theta = 120°, 0°$ 答

【補足】三角方程式で最終的に角度 θ を求めるとき，単位円上に点を打つことになる．その際に $\sqrt{2} \fallingdotseq 1.414, \sqrt{3} \fallingdotseq 1.732$ （→ **5-1**）を覚えておくと，座標の値を小数として把握できるので，単位円上の位置や角度の見当をつけるのに役立つ．

たとえば $\cos\theta = -\dfrac{1}{\sqrt{2}}$ の場合，

$$-\dfrac{1}{\sqrt{2}} = -\dfrac{\sqrt{2}}{2} \fallingdotseq -\dfrac{1.414}{2} = -0.707$$

のように計算すれば，単位円上に点を打つことが容易になり，$\theta = 135°$ を求めやすくなる．

演習問題 904

(1) $0° < \theta < 90°$ のとき，次の方程式の θ を求めよ．

① $\sin\theta = \dfrac{\sqrt{3}}{2}$　② $\cos\theta = \dfrac{\sqrt{3}}{2}$　③ $\tan\theta = \dfrac{1}{\sqrt{3}}$

(2) $0° \leqq \theta \leqq 180°$ のとき，次の方程式の θ を求めよ．

① $\cos^2\theta = \dfrac{3}{4}$　② $4\cos^2\theta - 1 = 0$　③ $\sqrt{2}\sin^2\theta = \sin\theta$

④ $2\sin^2\theta - \cos\theta - 1 = 0$　⑤ $2\cos^2\theta - 1 = 0$

CHAPTER 9 章末問題

905 次の図形について，角度 x を求めよ．

(1)
(2)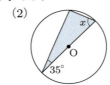
(3)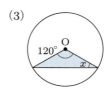
(4)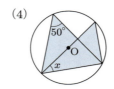
(5)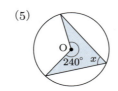
(6)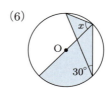

906 右図のような，円に4つの頂点が接する四角形を**内接四角形**という．次の問いに答えよ．

(1) 図（ア）について，角度 $x, y, z\,[°]$ を求めよ．
(2) 内接四角形の向かい合う角度の和が $180°$ になることを以下のように説明した．①②③は式を，④⑤は数値を埋めよ．

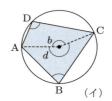

▶ 図（イ）において，$\overset{\frown}{ADC}$ に対する中心角を $b\,[°]$，$\overset{\frown}{ABC}$ に対する中心角を $d\,[°]$ とする．$\overset{\frown}{ADC}$ の中心角 b と円周角の関係から，$\angle B = (\ ①\ )°$，同様に $\angle D = (\ ②\ )°$ となる．したがって，向かい合う $\angle B$ と $\angle D$ の合計は $(\ ③\ )$ となる．ところで $b + d = (\ ④\ )°$ であるから，$\angle B + \angle D = (\ ⑤\ )°$ と得られる．

907 次の度数法で表された角度を，弧度法で表せ．
(1) $30°$ (2) $45°$ (3) $60°$ (4) $90°$ (5) $120°$ (6) $135°$ (7) $150°$ (8) $180°$

908 次の弧度法で表された角度を，度数法で表せ．
(1) $\dfrac{\pi}{4}\,[\mathrm{rad}]$ (2) $\dfrac{3}{4}\pi\,[\mathrm{rad}]$ (3) $\dfrac{2}{3}\pi\,[\mathrm{rad}]$ (4) $2\pi\,[\mathrm{rad}]$

909 次の三角比を求めよ．
(1) $\sin 120°$ (2) $\cos 120°$ (3) $\tan 120°$ (4) $\sin 135°$
(5) $\cos 135°$ (6) $\tan 135°$ (7) $\sin 150°$ (8) $\cos 150°$
(9) $\tan 150°$ (10) $\sin 180°$ (11) $\cos 180°$ (12) $\tan 180°$

910 角度の単位に注意して，次に示す扇形の弧の長さ L，および面積 S を求めよ．円周率は π と表せ．

(1) 　(2) 　(3) $\dfrac{\pi}{4}$[rad]　(4) $\dfrac{5\pi}{6}$[rad]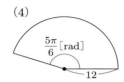

911 次の鈍角の三角比を，45°以下の三角比で表せ．
(1) $\sin 150°$　(2) $\cos 165°$　(3) $\sin 100°$　(4) $\cos 115°$

912 $0° < \theta < 90°$ のとき，次の方程式の θ を求めよ．
(1) $\sin\theta = \dfrac{\sqrt{3}}{2}$　(2) $\cos\theta = \dfrac{\sqrt{2}}{2}$　(3) $\tan\theta = \sqrt{3}$

913 $0° \leqq \theta \leqq 180°$ のとき，次の方程式の θ を求めよ．
(1) $\sin\theta = \dfrac{\sqrt{3}}{2}$　(2) $\cos\theta = -\dfrac{1}{2}$　(3) $\cos\theta = -1$　(4) $4\sin^2\theta = 1$
(5) $2\cos^2\theta + \cos\theta = 0$　(6) $2\sin^2\theta + \sin\theta - 1 = 0$　(7) $2\sin^2\theta + \cos\theta - 1 = 0$

914 x 軸と角度 θ をなす半直線と単位円との交点の座標が $(x, y) = (\cos\theta, \sin\theta)$ であるとき，$\tan\theta$ の値がどこに現れるかを考えた以下の文を完成させよ．

▶ 右図において，△OAB と △OCD は相似になるから，対応する辺の比は等しい．したがって OB : AB = (①) : CD となる．点 A が半径 1 の円上にあるから，θ を用いると OB=(②)，AB=(③)となる．よって，
$$\cos\theta : \sin\theta = 1 : \text{CD}$$
である．これを CD について解くと，CD $= \dfrac{\sin\theta}{\cos\theta} = \tan\theta$ となる．したがって，直線 $x = 1$ と，x 軸と角度 θ をなす半直線との交点 C の y 座標が，$\tan\theta$ の値となる．

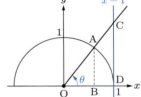

915 右図に示す三角形の面積を求めよ．

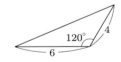

916 底面が 1 辺 $\sqrt{2}$ の正方形であるピラミッド状の四角錐がある．頂点 O から底面の正方形の頂点までの長さがすべて $\sqrt{2}$ であるとき，次の問いに答えよ．

(1) 四角錐の高さ OH を求めよ．

(2) 円錐や角錐のような錐体の体積は，底面積 × 高さ × $\dfrac{1}{3}$ で求められる．四角錐 O-ABCD の体積を求めよ．

(3) この立体の表面積を求めよ．

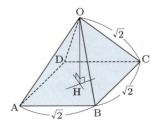

CHAPTER 10 三角比の諸定理と三角関数

POINT 10-1 正弦定理

① 三角形の頂点を A,B,C と表したとき，各頂点と向かい合う辺（**対辺**）の長さを小文字の a,b,c で表記する．また，3点 A,B,C を通る円を △ABC の**外接円**という．

② △ABC の外接円の半径を R，各頂点の角度を A,B,C とすると，
$$\frac{a}{\sin A} = \frac{b}{\sin B} = \frac{c}{\sin C} = 2R \quad （\text{正弦定理}）$$

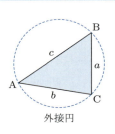

外接円

解説 ② 右図の △ABC について，外接円の半径 R はどのように求められるか考えてみよう．外接円には当然中心があるから，頂点 A と中心 O を結び，直線 AO と外接円の交点を B′ として，AB′ の距離を求めれば直径 $2R$ が得られる．ここで，B′ と C を結んだ図を考えると，∠B と ∠B′ はともに $\overset{\frown}{AC}$ の円周角だから，**9-1** より ∠B′ = ∠B = 60° となる．また，∠ACB′ は直径 AB′ の円周角だから 90° で，△AB′C は直角三角形となる．よって，

$$\sin 60° = \frac{3\sqrt{6}}{AB'} \to AB' = \frac{3\sqrt{6}}{\sin 60°} \quad \text{すなわち} \quad 2R = \frac{b}{\sin B}$$

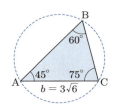

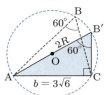

が成立する．同様の操作を辺 AB あるいは辺 BC を固定して行えば，それぞれ $2R = \dfrac{c}{\sin C}, 2R = \dfrac{a}{\sin A}$ と得られ，まとめると上記の正弦定理になる．

基本例題 10-1

右に示す △ABC について，辺 BC の長さが $a = 5\sqrt{2}$ であるとき，△ABC の外接円の半径 R と，辺 AC の長さ b を，それぞれ求めよ．

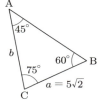

解答 $\dfrac{a}{\sin A} = 2R$ に $A = 45°$，$a = 5\sqrt{2}$ を代入して，

$$2R = \frac{a}{\sin A} = \frac{5\sqrt{2}}{\sin 45°} = 10 \to R = 5 \quad \boxed{答}$$

$\dfrac{b}{\sin B} = 2R$ に B=60°，$R = 5$ を代入して，$b = 2R\sin 60° = 2 \times 5 \times \dfrac{\sqrt{3}}{2} = 5\sqrt{3}$ $\boxed{答}$

演習問題 1001

△ABC において，次のものを求めよ．R は △ABC の外接円の半径である．

(1) $a = 6, A = 30°, B = 45°$ のとき，b および R

(2) $B = 70°, C = 50°, a = 4\sqrt{3}$ のとき，R

POINT 10-2 余弦定理

△ABC において，以下の**余弦定理**が成立する．

$$a^2 = b^2 + c^2 - 2bc \cos A$$
$$b^2 = c^2 + a^2 - 2ca \cos B$$
$$c^2 = a^2 + b^2 - 2ab \cos C$$

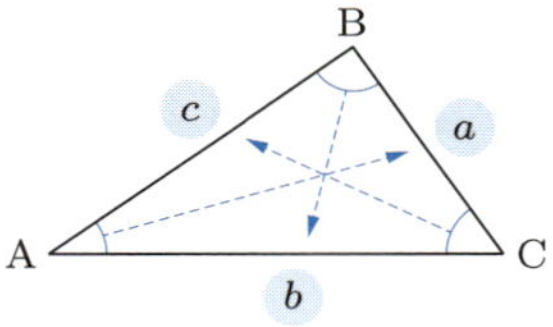

解説 三角形の3頂点の角度 A, B, C と3辺の長さ a, b, c の間に成立する関係を考えてみる．

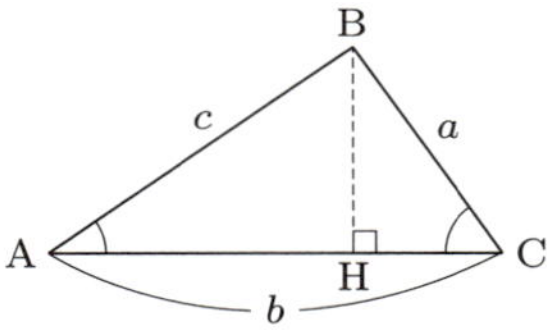

右の三角形において，頂点 B から底辺 AC に垂線 BH を下ろす．このとき，以下の関係が成立することがわかる．

$$\text{AH} = c \cdot \cos A, \quad \text{BH} = c \cdot \sin A, \quad \text{CH} = b - c \cdot \cos A$$

△CBH に着目すると，直角三角形であるから三平方の定理が成立する．すなわち，

$$\text{BC}^2 = \text{BH}^2 + \text{CH}^2$$

である．この関係を a, b, c, A で書き換えると，

$$\begin{aligned}
a^2 &= (c \cdot \sin A)^2 + (b - c \cdot \cos A)^2 \\
&= c^2 \cdot \sin^2 A + b^2 - 2bc \cdot \cos A + c^2 \cdot \cos^2 A \\
&= b^2 + c^2 \left(\sin^2 A + \cos^2 A \right) - 2bc \cdot \cos A \\
&= b^2 + c^2 - 2bc \cdot \cos A
\end{aligned}$$

となる．同様の手続きで，余弦定理の3つの式が得られる．また，上式を変形して，次のように余弦定理を表すこともある．

$$\cos A = \frac{b^2 + c^2 - a^2}{2bc}, \quad \cos B = \frac{c^2 + a^2 - b^2}{2ca}, \quad \cos C = \frac{a^2 + b^2 - c^2}{2ab}$$

基本例題 10-2

右図の △ABC について，辺 BC の長さを求めよ．

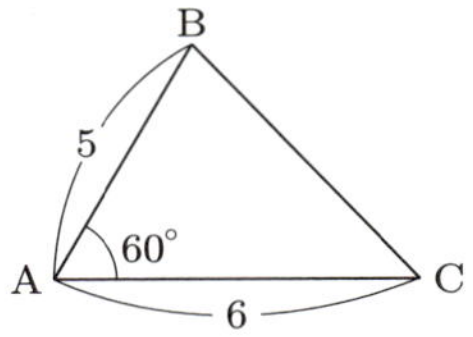

解答 余弦定理 $a^2 = b^2 + c^2 - 2bc \cos A$ において，$b = \text{AC} = 6$, $c = \text{AB} = 5$, $A = 60°$，また $\text{BC} = a$ であるから，

$$a^2 = 6^2 + 5^2 - 2 \times 6 \times 5 \times \cos 60° \rightarrow a^2 = 31$$

となる．よって，$a = \text{BC} = \sqrt{31}$ **答**

演習問題 1002

△ABC において，次のものを求めよ．

(1) $a = 4, b = 5, C = 120°$ のとき，c
(2) $a = 1, b = \sqrt{5}, c = \sqrt{2}$ のとき，B
(3) $a = 15, b = 7, c = 13$ のとき，C

POINT 10-3 加法定理

▶ $\sin(\alpha+\beta) = \sin\alpha\cdot\cos\beta + \cos\alpha\cdot\sin\beta$ ▶ $\sin(\alpha-\beta) = \sin\alpha\cdot\cos\beta - \cos\alpha\cdot\sin\beta$

▶ $\cos(\alpha+\beta) = \cos\alpha\cdot\cos\beta - \sin\alpha\cdot\sin\beta$ ▶ $\cos(\alpha-\beta) = \cos\alpha\cdot\cos\beta + \sin\alpha\cdot\sin\beta$

▶ $\tan(\alpha+\beta) = \dfrac{\tan\alpha+\tan\beta}{1-\tan\alpha\cdot\tan\beta}$ ▶ $\tan(\alpha-\beta) = \dfrac{\tan\alpha-\tan\beta}{1+\tan\alpha\cdot\tan\beta}$

解説　加法定理は，次節で学ぶ2倍角・半角の公式や，点（座標）の回転（→ **17-6**）など，さまざまな場面でよく用いられる．とくに太字の2つは，語呂合わせでもよいので必ず覚えること．「サインコサイン　コサインサイン」「コスコス　マイナス　サインサイン」を百回も唱えれば記憶に残るはずである．

加法定理の証明にはさまざまな方法があるが，ここでは α, β を鋭角に限定し，三角形の面積を利用して太字の2つを証明し，$\tan(\alpha+\beta)$ を誘導してみる．三角比の計算をマスターするために，よく理解しておこう．

【$\sin(\alpha+\beta) = \sin\alpha\cdot\cos\beta + \cos\alpha\cdot\sin\beta$ の証明】

下図に示す △ABC において，頂点 A から BC に下ろした垂線の足を H，長さを h とすると，

$$h = b\cos\beta = c\cos\alpha$$

となる．△ABC の面積 S は，さらに H から辺 AC, AB に垂線を下ろして次のように計算できる．

$S = \triangle \text{ACH} + \triangle \text{ABH}$

$= \dfrac{1}{2}b\cdot(h\sin\beta) + \dfrac{1}{2}c\cdot(h\sin\alpha)$ … ①

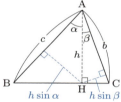
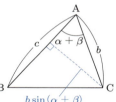

また，辺 AB を底辺とすれば，$S = \dfrac{1}{2}c\cdot\{b\sin(\alpha+\beta)\}$ である．これらを等号で結ぶと，

$$b\cdot(c\cos\alpha)\cdot\sin\beta + c\cdot(b\cos\beta)\cdot\sin\alpha = c\cdot b\sin(\alpha+\beta)$$

となる．この式を整理すれば，$\sin(\alpha+\beta) = \sin\alpha\cos\beta + \cos\alpha\sin\beta$ **終**

【$\cos(\alpha+\beta) = \cos\alpha\cdot\cos\beta - \sin\alpha\cdot\sin\beta$ の証明】

上記の h の式から，α, β が鋭角であれば次式が成り立つ．

$$\dfrac{b}{c} = \dfrac{\cos\alpha}{\cos\beta}, \quad \dfrac{c}{b} = \dfrac{\cos\beta}{\cos\alpha} \quad \cdots ②$$

ところで，①の両辺を2乗すると次式になる．

$$S^2 = \dfrac{1}{4}h^2(b\sin\beta + c\sin\alpha)^2$$

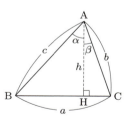

次に，△ABC の BC を底辺とすれば，面積は $S = \dfrac{1}{2}ah$．両辺を2乗して $S^2 = \dfrac{1}{4}a^2h^2$．

2つの S^2 の式を等号で結ぶと，

$$h^2(b\sin\beta + c\sin\alpha)^2 = a^2h^2$$

となる．両辺を h^2 で割って，a^2 に余弦定理（→ **10-2**）を適用すれば，

$$b^2 \sin^2 \beta + 2bc \sin \beta \sin \alpha + c^2 \sin^2 \alpha = b^2 + c^2 - 2bc \cos(\alpha + \beta)$$

$$2bc \cos(\alpha + \beta) = b^2 \left(1 - \sin^2 \beta\right) + c^2 \left(1 - \sin^2 \alpha\right) - 2bc \sin \beta \sin \alpha$$

$$= b^2 \cos^2 \beta + c^2 \cos^2 \alpha - 2bc \sin \alpha \sin \beta$$

となる．さらに両辺を $2bc$ で割って，

$$\cos(\alpha + \beta) = \frac{b}{2c} \cos^2 \beta + \frac{c}{2b} \cos^2 \alpha - \sin \alpha \sin \beta$$

となる．この式に②の関係を代入して整理すると，

$$\cos(\alpha + \beta) = \frac{1}{2} \cdot \frac{\cos \alpha}{\cos \beta} \cdot \cos^2 \beta + \frac{1}{2} \cdot \frac{\cos \beta}{\cos \alpha} \cdot \cos^2 \alpha - \sin \alpha \sin \beta$$

$$\therefore \cos(\alpha + \beta) = \cos \alpha \cdot \cos \beta - \sin \alpha \cdot \sin \beta \quad \boxed{終}$$

【$\tan(\alpha + \beta) = \dfrac{\tan \alpha + \tan \beta}{1 - \tan \alpha \cdot \tan \beta}$ の誘導】

以上が得られると，$\tan(\alpha + \beta)$ の加法定理は次のように導くことができる．

$$\tan(\alpha + \beta) = \frac{\sin(\alpha + \beta)}{\cos(\alpha + \beta)} = \frac{\sin \alpha \cdot \cos \beta + \cos \alpha \cdot \sin \beta}{\cos \alpha \cdot \cos \beta - \sin \alpha \cdot \sin \beta}$$

分子と分母を $(\cos \alpha \cdot \cos \beta)$ で割れば，

$$\frac{\dfrac{\sin \alpha \cdot \cos \beta}{\cos \alpha \cdot \cos \beta} + \dfrac{\cos \alpha \cdot \sin \beta}{\cos \alpha \cdot \cos \beta}}{1 - \dfrac{\sin \alpha \cdot \sin \beta}{\cos \alpha \cdot \cos \beta}} = \frac{\dfrac{\sin \alpha}{\cos \alpha} + \dfrac{\sin \beta}{\cos \beta}}{1 - \dfrac{\sin \alpha}{\cos \alpha} \cdot \dfrac{\sin \beta}{\cos \beta}} = \frac{\tan \alpha + \tan \beta}{1 - \tan \alpha \cdot \tan \beta} \quad \boxed{終}$$

基本例題 10-3

$\sin 75°$ の値を求めよ．

∙∙

解答 $\sin 75° = \sin(45° + 30°)$ だから，$\sin(\alpha + \beta) = \sin \alpha \cos \beta + \cos \alpha \sin \beta$ を適用すると，

$$\sin(45° + 30°) = \sin 45° \cdot \cos 30° + \cos 45° \cdot \sin 30°$$

$$= \frac{1}{\sqrt{2}} \cdot \frac{\sqrt{3}}{2} + \frac{1}{\sqrt{2}} \cdot \frac{1}{2} = \frac{\sqrt{3} + 1}{2\sqrt{2}} = \frac{\sqrt{6} + \sqrt{2}}{4} \quad \boxed{答}$$

別解 $\sin 75° = \sin(120° - 45°)$ だから，$\sin(\alpha - \beta) = \sin \alpha \cos \beta - \cos \alpha \sin \beta$ を適用すると，

$$\sin(120° - 45°) = \sin 120° \cdot \cos 45° - \cos 120° \cdot \sin 45°$$

$$= \frac{\sqrt{3}}{2} \cdot \frac{1}{\sqrt{2}} - \left(-\frac{1}{2}\right) \cdot \frac{1}{\sqrt{2}} = \frac{\sqrt{3} + 1}{2\sqrt{2}} = \frac{\sqrt{6} + \sqrt{2}}{4} \quad \boxed{答}$$

✎ 演習問題 1003

次の値を求めよ．

(1) $\cos 75°$　　(2) $\tan 75°$　　(3) $\sin 15°$　　(4) $\cos 15°$

(5) $\tan 15°$　　(6) $\sin 105°$　　(7) $\cos 105°$　　(8) $\tan 105°$

POINT 10-4　2倍角・半角の公式

① 2倍角の公式

$$\sin 2\alpha = 2\sin\alpha \cdot \cos\alpha$$
$$\cos 2\alpha = \cos^2\alpha - \sin^2\alpha = 2\cos^2\alpha - 1 = 1 - 2\sin^2\alpha$$
$$\tan 2\alpha = \frac{2\tan\alpha}{1-\tan^2\alpha}$$

② 半角の公式

$$\sin^2\frac{\theta}{2} = \frac{1-\cos\theta}{2}, \quad \cos^2\frac{\theta}{2} = \frac{1+\cos\theta}{2}, \quad \tan^2\frac{\theta}{2} = \frac{1-\cos\theta}{1+\cos\theta}$$

解説　前節の加法定理において，$\beta=\alpha$ と置くことにより，2倍角の公式が得られる．すなわち，

$$\sin 2\alpha = \sin(\alpha+\alpha) = \sin\alpha\cos\alpha + \cos\alpha\sin\alpha = 2\sin\alpha \cdot \cos\alpha$$
$$\cos 2\alpha = \cos(\alpha+\alpha) = \cos\alpha \cdot \cos\alpha - \sin\alpha \cdot \sin\alpha = \cos^2\alpha - \sin^2\alpha$$

となる．ここからさらに，次の2通りの変形ができる．

$$\cos 2\alpha = \cos^2\alpha - \sin^2\alpha = \cos^2\alpha - (1-\cos^2\alpha) = 2\cos^2\alpha - 1$$
$$\cos 2\alpha = \cos^2\alpha - \sin^2\alpha = (1-\sin^2\alpha) - \sin^2\alpha = 1 - 2\sin^2\alpha$$

ここで，$\cos 2\alpha = 1 - 2\sin^2\alpha$ に着目して，$\alpha=\dfrac{\theta}{2}$ と置き換えると，次の半角の公式が得られる．

$$\cos\theta = 1 - 2\sin^2\frac{\theta}{2} \qquad \therefore \sin^2\frac{\theta}{2} = \frac{1-\cos\theta}{2}$$

また，$\cos 2\alpha = 2\cos^2\alpha - 1$ に着目して，同様の変形を行えば，次が得られる．

$$\cos\theta = 2\cos^2\frac{\theta}{2} - 1 \qquad \therefore \cos^2\frac{\theta}{2} = \frac{1+\cos\theta}{2}$$

基本例題 10-4

$\sin 15°$ の値を求めよ．

解答　2倍角の公式 $\cos 2\alpha = 1 - 2\sin^2\alpha$ に $\alpha = 15°$ を代入すると，

$$\cos 30° = 1 - 2(\sin 15°)^2 \ \to\ (\sin 15°)^2 = \frac{1}{2}(1-\cos 30°) = \frac{1}{2}\left(1-\frac{\sqrt{3}}{2}\right) = \frac{2-\sqrt{3}}{4}$$

$\sin 15° > 0$ だから，$\sin 15° = \dfrac{\sqrt{2-\sqrt{3}}}{2}$　**答**

※ $\sqrt{\ }$ の中に $\sqrt{\ }$ がある表記を2重根号という．2重根号のはずし方を知っていれば，はずしたほうがよい（この場合は $\dfrac{\sqrt{2-\sqrt{3}}}{2} = \dfrac{\sqrt{6}-\sqrt{2}}{4}$ とはずせる）が，できない場合もある．

別解　半角の公式で $\theta = 30°$ を適用しても同じ値になる（各自確かめること）．

✎ 演習問題 1004

$\sin 22.5°$，$\cos 22.5°$ の値を求めよ（解の2重根号は，はずさなくてよい）．

74　第10章　三角比の諸定理と三角関数

POINT 10-5　一般角と三角関数

① 基準線から反時計回りに測った角度を**正の角**，時計回りに測った角度を**負の角**という．

② 360°より大きい角度や負の角まで広げた角度を**一般角**といい，360°（2π [rad]）ごとに図形上同じものが出てくる．一般角は正の最小角度 a [°]（α [rad]）を用いて，$\theta = a + n \times 360°$（$= \alpha + n \times 2\pi$ [rad]）の形で表される（n は整数）．

③ 一般角 θ に関して，以下のように三角関数を定義する．
$$\sin\theta = \frac{y}{r}, \quad \cos\theta = \frac{x}{r}, \quad \tan\theta = \frac{y}{x}$$

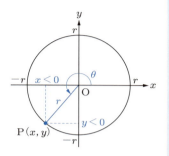

解説　① 右図のように，点 O を中心に半直線 OP が反時計回りに 135° 回転したときと，時計回りに 225° 回転したときで，図形は同じ状態になる．このときの反時計回りの回転を正の角，時計回りの回転を負の角とよび，符号によって回転方向を表す．この例では +135°，-225° と表される．

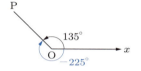

② 上図の OP をもう 1 周正回転させると，+135° + 360° = +495° となるが，この角度も図に表したとき同じものになる．すなわち，-225°, 135°, 495°, … はすべて同じ図になる．これらの角度を一般角といい，正の最小角度 a を用いて，$\theta = a + n \times 360$ [°] と表される．なお，360° を超える角度は弧度法を使って表したほうが便利なので，$\theta = \alpha + n \times 2\pi$ [rad] の形でも理解しておこう．

基本例題 10-5

$\sin 240°$, $\cos 240°$, $\tan 240°$ の値を求めよ．

解答　x 軸と 240° の角をなす線分 OB を考える．B から x 軸に垂線を下ろすと，60° をもつ直角三角形が描ける．このとき a は下側（y 軸の負の側），b は左向き（x 軸の負の側）であるので，a, b の向きを符号で表すと，

$$\sin 240° = \frac{-a}{r} = \frac{-\sqrt{3}}{2}, \quad \cos 240° = \frac{-b}{r} = \frac{-1}{2},$$
$$\tan 240° = \frac{-b}{-a} = \frac{-\sqrt{3}}{-1}$$

となる．よって，$\sin 240° = -\frac{\sqrt{3}}{2}, \cos 240° = -\frac{1}{2}, \tan 240° = \sqrt{3}$　**答**

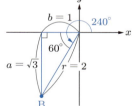

演習問題 1005

次の値を求めよ．

(1) $\sin 210°$　　(2) $\cos 225°$　　(3) $\tan 300°$　　(4) $\sin 315°$　　(5) $\cos 330°$

POINT 10-6 三角関数のグラフ

① 関数 $y = \sin x$, $y = \cos x$ のグラフのように，周期的に同じ形が現れる関数を**周期関数**といい，同じ形になる最小の繰り返し間隔を**周期**という．$y = \sin x$, $y = \cos x$ の周期は 2π [rad] である．

② 関数 $y = \sin kx$, $y = \cos kx$ の周期は $\dfrac{2\pi}{k}$ [rad] である．

③ 関数 $y = \tan x$ は周期 π [rad] の周期関数であるが，不連続な部分が現れる．

解説

① 10-5 で扱ったように，$y = \sin x$ は円を 1 周する（2π [rad]）ごとに同じ値をとるので，グラフを描くと同じ y の値が繰り返し出てくる．したがって，$y = \sin x$ は周期関数であり，周期は 2π である．

② $y = \sin A$ は，$\sin$ の中身 A が 2π [rad] 増えると y の値が等しくなる．すなわち，
$$\sin A = \sin(A + 2\pi)$$
である．ここで $A = kx$ と置き換えると，$y = \sin kx = \sin(kx + 2\pi)$ となる．周期とは「繰り返すグラフにおいて，次に同じ形が始まるまでの x の変化量」と考えればよいから，上式を
$$\sin kx = \sin(kx + 2\pi) = \sin k\left(x + \dfrac{2\pi}{k}\right)$$
と変形する．これにより，$y = \sin kx$ は x が $\dfrac{2\pi}{k}$ 増えるごとに同じ形が始まることがわかり，周期は $\dfrac{2\pi}{k}$ [rad] となる．

③ $y = \sin x, y = \cos x, y = \tan x$ のグラフは以下のようになる．三角関数のグラフでは，x は [rad] 単位で表記されることが多い．グラフを描くとき，最初のうちは $x = 0, \dfrac{\pi}{6}, \dfrac{\pi}{3}, \ldots$ [rad] $(0, 30°, 60°, \ldots)$ のように $\dfrac{\pi}{6}$ [rad] $(30°)$ 刻みで値を求めて，座標を打っていくと描きやすい．$\tan x$ のグラフは $\dfrac{\pi}{2}, \dfrac{3\pi}{2}, \ldots$ [rad] $(90°, 270°, \ldots)$ において値をもたないので，形状を頭に入れておくとよい．

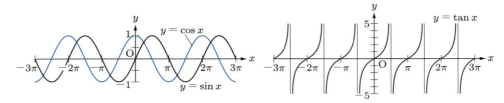

演習問題 1006

$-2\pi \leqq x \leqq 2\pi$ の範囲で，次のグラフを描け．

(1) $y = \sin 2x$ (2) $y = \cos 2x$ (3) $y = \sin \dfrac{x}{2}$ (4) $y = \cos \dfrac{x}{2}$ (5) $y = \tan \dfrac{x}{2}$

CHAPTER 10 章末問題

1013 までは，角度の単位は [°] で答えよ．

1007 △ABC において，次のものを求めよ．
(1) $b=6, A=105°, B=45°$ のとき，c および外接円の半径 R
(2) $a=3$, 外接円の半径 $R=3$ のとき，A
(3) $a=3, b=5, C=120°$ のとき，c
(4) $a=7, b=10, c=9$ のとき，$\cos B$

1008 次の値を求めよ．
(1) $\sin 165°$ (2) $\cos 165°$ (3) $\tan 165°$

1009 α, β はともに鋭角である．次の値を求めよ．
(1) $\sin\alpha = \dfrac{4}{5}, \sin\beta = \dfrac{3}{5}$ であるとき，$\sin(\alpha+\beta)$ および $\cos(\alpha+\beta)$
(2) $\cos\alpha = \dfrac{3}{5}, \sin\beta = \dfrac{5}{13}$ であるとき，$\sin(\alpha-\beta)$ および $\cos(\alpha-\beta)$

1010 α, β はともに鋭角であり，$\sin\alpha = \dfrac{13}{14}, \sin\beta = \dfrac{11}{14}$ のとき，$\alpha+\beta$ の値を求めよ．

1011 $90° \leqq \alpha \leqq 180°$ であり，$\sin\alpha = \dfrac{12}{13}$ のとき，次の値を求めよ．
(1) $\sin 2\alpha$ (2) $\cos 2\alpha$ (3) $\tan 2\alpha$

1012 次の値を求めよ．
(1) $\sin 225°$ (2) $\cos 210°$ (3) $\tan 210°$ (4) $\sin 300°$ (5) $\cos 300°$
(6) $\tan 300°$ (7) $\sin(-60°)$ (8) $\cos(-60°)$ (9) $\tan(-60°)$

1013 $0° \leqq \theta < 360°$ であるとき，次の式を満たす θ を求めよ．
(1) $\cos 2\theta - \cos\theta = 0$ (2) $\sin 2\theta = \sqrt{2}\sin\theta$

以下では，角度の単位は [rad] とせよ．

1014 右の図は，$y = \cos ax$ のグラフである．
(1) このグラフの周期を求めよ．
(2) a の値はいくつか．

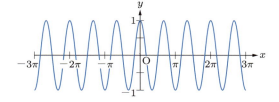

1015 $-3\pi \leqq x \leqq 3\pi$ の範囲で，次のグラフを描け．
(1) $y = \sin 3x$ (2) $y = \cos 3x$ (3) $y = \sin\dfrac{x}{3}$ (4) $y = \cos\dfrac{x}{3}$
(5) $y = \tan\dfrac{x}{3}$

CHAPTER 11

指数関数

POINT

11-1　指数の定義

① n を正の整数とする. 同じ数を n 回掛けたとき, **指数**（→ **1-1**）を用いて a^n と表現する. この形を a の**累乗**といい, a^n を「a の **n 乗**」と読む.

② 指数法則と指数の拡張Ⅰ（m, n は整数, $a \neq 0$ とする）

$\blacktriangleright a^m a^n = a^{m+n}$　$\blacktriangleright (a^m)^n = a^{mn}$　$\blacktriangleright (ab)^n = a^n b^n$　$\blacktriangleright a^0 = 1$　$\blacktriangleright a^{-n} = \dfrac{1}{a^n}$

解説　①　$a \times a \times a \times a \times \cdots \times a$ を a^n と書き, a を n 回掛けた積であることを表す. したがって $a^1 = a$ である. ここで,

$$a^n \text{ は } 1 \text{ に } a \text{ を } n \text{ 回掛けたもの }（a^n = 1 \times a \times a \times \cdots \times a）$$

と解釈しておくと, ②の指数の拡張も理解しやすくなる.

②　最初の 3 つの公式は **1-1** で説明しているので, a^0 と a^{-n} について考えてみる. 上記 a^n の解釈を適用すると, 「a^0 は 1 に a を 0 回掛けたもの」となるから, $a^0 = 1$ となる.

次にマイナス乗を考えてみる. 直感的には, a^{-n} は「**1 に a を $-n$ 回掛ける**」ということだから, 「**1 を a で n 回割る**」意味になると考えられる. すなわち,

$$a^{-n} = 1 \div a \div a \div a \div \cdots \div a = 1 \times \frac{1}{a} \times \frac{1}{a} \times \frac{1}{a} \times \cdots \times \frac{1}{a} = \frac{1}{a^n}$$

となる. あるいは, $a^m a^n = a^{m+n}$ において $m = -n$ として, 次のようにも説明できる.

$$a^{-n} a^n = a^0 \ \rightarrow \ a^{-n} = \frac{1}{a^n}$$

基本例題 11-1

次の計算をし, マイナス乗を使わずに表せ. ただし, $a \neq 0, b \neq 0$ である.

(1) $(-2)^{-5}$　　(2) $ab^3 \times a^{-2} b^{-1}$

・・・

解答　(1) $(-2)^{-5} = \dfrac{1}{(-2)^5} = \dfrac{1}{-32} = -\dfrac{1}{32}$　**答**

(2) $ab^3 \times a^{-2} b^{-1} = ab^3 \times \dfrac{1}{a^2} \times \dfrac{1}{b} = \dfrac{b^2}{a}$　**答**

✎ 演習問題 1101

次の計算をし, マイナス乗を使わずに表せ. ただし, $a \neq 0, b \neq 0$ である.

(1) 3^{-2}　　(2) $(-5)^3$　　(3) $\left(\dfrac{3}{2}\right)^{-2}$　　(4) $2^3 \times 2^{-3}$

(5) $a^5 \times a^{-8}$　　(6) $(-ab^2)^{-3}$　　(7) $\left(a^{-2} b^3\right)^{-4}$　　(8) $\left(ab^3\right)^{-5} \times \left(ab^3\right)^5$

POINT

11-2 累乗根と指数

① n を正の整数とする. n 乗したときに a になる数を, a の **n 乗根**という.

② $a \neq 0$ のとき, 実数の範囲で考えると,

▶ a が正ならば, a の偶数乗根は正負 2 つあり, 奇数乗根は正の数 1 つである.

▶ a が負ならば, a の偶数乗根は存在せず, 奇数乗根は負の数 1 つである.

③ $a > 0$ の正の n 乗根を $\sqrt[n]{a}$ と書き, 「**n 乗根 a**」と読む. $a < 0$ のときも $\sqrt[n]{a}$ と書くが, ②より $\sqrt[n]{a}$ は n が奇数のときに限って得られる.

④ 指数の拡張Ⅱ　　▶ $\sqrt[n]{a} = a^{\frac{1}{n}}$　　▶ $\sqrt[n]{a^m} = a^{\frac{m}{n}}$

⑤ 指数が実数の場合も, **11-1** の指数法則はすべて成立する.

解説　① $n = 2$ のとき, 2 乗根は 2 乗すると a になる数なので, 平方根（→ **5-1**）と同じである. 2 乗根（平方根）, 3 乗根（立方根）, 4 乗根, ... をまとめて**累乗根**という.

② n が偶数か奇数かによって, n 乗根の数や符号が変わってくる. たとえば,

▶4 の 2 乗根（平方根）　　：2 乗して 4 になる数だから, ± 2

▶-4 の 2 乗根（平方根）：2 乗して -4 になる数だから, 実数の範囲には存在しない

▶8 の 3 乗根　　　　　　　：3 乗して 8 になる数だから, $+2$ のみ

▶-8 の 3 乗根　　　　　　：3 乗して -8 になる数だから, -2 のみ

③ $\sqrt[n]{a}$ を求めるときは, 次のように覚える.

▶a の n 乗根が 2 つあるときは, $\sqrt[n]{a}$ として正の値をとる

▶a の n 乗根が 1 つのときは, 符号にかかわらず $\sqrt[n]{a}$ はその値とすればよい

④ 前節の公式 $(a^m)^n = a^{mn}$ において $m = 1/n$ とすると, $\left(a^{\frac{1}{n}}\right)^n = a^{\left(\frac{1}{n}\right) \times n} = a$. また, $\sqrt[n]{a}$ は n 乗すると a になる数だから, $\left(\sqrt[n]{a}\right)^n = a$. これら 2 式を比較すれば, $\sqrt[n]{a} = a^{\frac{1}{n}}$ が得られる. 同様の考え方で $\sqrt[n]{a^m} = a^{\frac{m}{n}}$ が得られる.

基本例題 11-2

次の数を求めよ.

(1) 81 の 4 乗根　　(2) $\sqrt[4]{81}$　　(3) -32 の 5 乗根　　(4) $\sqrt[5]{-32}$

. . . .

解答 (1) 4 乗して 81 になる数だから, 3 と -3 **答**

(2) 81 の 4 乗根のうち正の数だから, $\sqrt[4]{81} = 3$ **答**

(3) 5 乗して -32 になる数だから, -2 **答**

(4) -32 の 5 乗根は -2 だけだから, $\sqrt[5]{-32} = -2$ **答**

✎ 演習問題 1102

(1)〜(5) の値を求めよ. また (6)〜(8) の計算をせよ.

(1) 27 の 3 乗根　　(2) -27 の 3 乗根　　(3) $\sqrt[4]{625}$　　(4) $\sqrt[5]{-243}$　　(5) $\sqrt[3]{-27}$

(6) $4^{\frac{3}{2}} \times (-2)^{-3}$　　(7) $81^{-\frac{1}{2}} \times \sqrt[3]{27}$　　(8) $\sqrt[3]{8} \times 2^{-\frac{1}{2}} \times 2^{\frac{5}{2}}$　　(9) $\left(\dfrac{4}{9}\right)^{-\frac{1}{2}} \times \sqrt[4]{16}$

11-2　累乗根と指数　**79**

POINT

11-3 指数方程式

① 指数に未知数を含む方程式を**指数方程式**という.

▶ $7^x = 49$ ▶ $4^x - 9 \cdot 2^x + 8 = 0$

② a が正の数で，$a \neq 1$ のとき，$a^x = a^p$ ならば $x = p$ が成り立つ.

③ 指数方程式は $a^x = X$ と置くことで，X の方程式を導いて解くことができる. 置き換えの際には，指数法則を利用した以下の関係を覚えておくとよい.

▶ $a = 5$ の場合，$5^{2x} = \left(5^2\right)^x = \left(5^x\right)^2$

解説　②　たとえば $a^x = a^3$ という等式は，両辺の指数が等しいはずだから，$x = 3$ である. ここで，a^x の a のことを**指数の底**という. 指数方程式は，両辺の指数の底をそろえて解くのが基本である.

③　置き換えにおいては，事前に指数法則 $(a^m)^n = a^{mn}$ を利用して式を変形することが多い. さらに $a^{mn} = (a^n)^m$ とできるから，$(a^m)^n = (a^n)^m$ のように指数を入れ替えることができる.

基本例題 11-3

次の指数方程式を解け.

(1) $2^{x+3} = 512$　　　(2) $25^x - 23 \cdot 5^x - 50 = 0$

....

解答 (1) 左辺の指数の底 2 に着目して右辺をそろえると，$512 = 2^9$ だから，

$$2^{x+3} = 2^9 \ \rightarrow \ x + 3 = 9$$

よって，$x = 6$　**答**

(2) $25^x = \left(5^2\right)^x = \left(5^x\right)^2$ と変形できるから，与えられた方程式は，

$$\left(5^x\right)^2 - 23 \cdot 5^x - 50 = 0$$

となる. ここで $5^x = X$ と置くと，

$$X^2 - 23X - 50 = 0$$
$$(X - 25)(X + 2) = 0 \ \rightarrow \ X = 25, -2$$

$X = 25$ のとき，$5^x = 25$ となるから，$x = 2$.

$X = -2$ のとき，$5^x = -2$ を満たす x は存在しない.

よって，解は $x = 2$　**答**

📝 演習問題 1103

次の指数方程式を解け.

(1) $3^{x-2} = 729$　　　　　(2) $2^{2x-3} = 512$　　　　　(3) $5 \cdot 4^x = 1280$

(4) $2^{x-3} = \dfrac{1}{128}$　　　　　(5) $4^x - 9 \cdot 2^x + 8 = 0$　　　(6) $9^x - 12 \cdot 3^x + 27 = 0$

(7) $49^x - 5 \cdot 7^x - 14 = 0$　　(8) $5 \cdot 25^x + 1 = 6 \cdot 5^x$　　(9) $2^x = 4^x - 12$

POINT 11-4 指数関数のグラフ

$y = a^x$（$a > 0$, $a \neq 1$）の形で表される関数を**指数関数**という．指数関数には，以下の性質がある．

① $a > 1$ のとき，x の値が増加すると y の値も増加する．
② $0 < a < 1$ のとき，x の値が増加すると y の値は減少する．
③ グラフは必ず，点 $(0, 1)$ を通り，x 軸に近づいていく．このときに近づく x 軸のような直線を**漸近線**という．

解説 指数関数 $y = a^x$ は，a の値によって増加の方向が異なる．

①の例として $y = 2^x$ を，また②の例として $y = \left(\dfrac{1}{2}\right)^x$ を考える．$2^{-3} = \dfrac{1}{2^3}$ のように**マイナス乗は逆数になる**という点を考慮すれば，x に対応する y の値はそれぞれ以下の表のようになる．

x	-3	-2	-1	0	1	2	3	4
$y = 2^x$	$\dfrac{1}{8}$	$\dfrac{1}{4}$	$\dfrac{1}{2}$	1	2	4	8	16

x	-3	-2	-1	0	1	2	3	4
$y = \left(\dfrac{1}{2}\right)^x$	8	4	2	1	$\dfrac{1}{2}$	$\dfrac{1}{4}$	$\dfrac{1}{8}$	$\dfrac{1}{16}$

2つの例をグラフで表すと，右図のようになる．$a > 1$ のときグラフは図 A のように右上がり（x が増加すると y も増加する）となり，$0 < a < 1$ のときは図 B のように右下がり（x が増加すると y が減少する）となる．

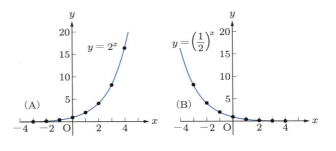

また，**0 乗は 1 になる**から，グラフは必ず $(x, y) = (0, 1)$ を通る．これらのグラフでは，x の絶対値が大きくなるほど x 軸に近づいていくが，x 軸と接触することはない．このような直線（ここでは x 軸）を漸近線という．

演習問題 1104

次の指数関数について，表を埋め，グラフを描け．

(1) $y = 3^x$

x	-3	-2	-1	0	1	2	3	4
y								

(2) $y = \left(\dfrac{1}{3}\right)^x$

x	-3	-2	-1	0	1	2	3	4
y								

POINT

11-5 単位と単位変換

① 現在広く使われている**国際単位系（SI）**は，7つの基本単位を以下のとおり定めている．また，それらを組み合わせることでさまざまな単位を表現する．

▶ [s]（時間）　▶ [m]（長さ）　▶ [kg]（質量）　▶ [A]（電流）

▶ [K]（熱力学温度）　▶ [mol]（物質量）　▶ [cd]（光度）

② 基本単位を組み合わせたものを**組立単位**といい，次の2通りの表し方がある．

▶ $[m^2]$, $[m^3]$, $[m/s]$ のように，基本単位の記号を組み合わせたことがわかるもの

▶ 基本単位の組み合わせで表現できるが，シンプルにするために，[N], [Pa], [Hz] のように別の記号をあてがうもの

③ 大きすぎたり小さすぎたりする数字を表すときは，[k]（キロ）や [m]（ミリ）などの**接頭辞**を用いることが多い．これらは単位ではなく，10^n を表すものである．なお，$(km)^2$ などは慣用的に km^2 と書く．

▶ $km^2 = (km)^2 = (10^3 \, [m])^2 = 10^6 \, [m^2]$

解説　② SI で基本となる7つの単位を用いれば，面積は「長さ × 長さ」だから，面積の単位は $[m] \times [m]$ で $[m^2]$ となる．ほかにも，

▶ 速度は「距離 ÷ 時間」より，$[m] \div [s]$ で $[m/s]$

▶ 加速度は「速度 ÷ 時間」より，$[m/s] \div [s]$ で $[m/s^2]$

▶ 力は「質量 × 加速度」より，$[kg] \times [m/s^2] = [kg \cdot m/s^2] = [N]$（**ニュートン**）

▶ 圧力は「力 ÷ 面積」より，$[kg \cdot m/s^2] \div [m^2] = [N/m^2] = [Pa]$（**パスカル**）

▶ 振動数は周期（単位 [s]）の逆数だから，$[1/s] = [s^{-1}] = [Hz]$（**ヘルツ**）

③ 物理量を基本単位と組立単位だけで表そうとすると，たとえば「東京から札幌までの距離は 830 000 m です」「顕微鏡で見ているこの微生物の大きさは 0.000 02 m です」と表すことになり，わかりづらい．

	記号	接頭辞	10^n
大きい数	k	キロ	10^3
	M	メガ	10^6
	G	ギガ	10^9
小さい数	c	センチ	10^{-2}
	m	ミリ	10^{-3}
	μ	マイクロ	10^{-6}

そこで接頭辞を使えば，大小さまざまな数を表現しやすくなる．いま，1000 という集まりを 1k（1キロ）という文字で表すと，830 000 は 1000 が 830 個集まっているから 830k となり，830 000 m ＝ 830 km と表すことができる．一方，1 を 1 000 000 分割したもの（0.000 001）を 1μ（1マイクロ）という文字で表すと，0.000 020 m ＝ 20 μm と表すことができる．このように，[k] や [μ] などの接頭辞は数値であると考えれば，複雑そうに見える単位変換も簡単に扱うことができる．

✎ 演習問題 1105

次の数量を，[ ] 内の単位に変換せよ．

(1) 2 000 m [km]　　(2) 30 000 N [kN]　　(3) 5 m² [mm²]　　(4) 0.000 150 m [μm]

82　第 11 章　指数関数

>>>>>>>>>>>>>>> **CHAPTER 11** 章末問題 <<<<<<<<<<<<<<<

1106 次の計算をし，マイナス乗を使わずに表せ．ただし，$a \neq 0, b \neq 0$ である．

(1) 2^{-5} 　　　(2) $(-3)^5$ 　　　(3) $\left(3^{-1}\right)^{-2}$ 　　　(4) $2^7 \times 2^{-6}$

(5) $a^{20} \times a^{-18}$ 　　　(6) $\left(-\dfrac{b}{a^2}\right)^{-3}$ 　　　(7) $\left(a^2 b^{-2}\right)^{-1}$ 　　　(8) $\left(\dfrac{a^2}{b}\right)^{-2} \times \left(\dfrac{a}{b^2}\right)^2$

1107 次の値を求めよ．ただし実数の範囲とする．

(1) 125 の 3 乗根 　(2) -125 の 3 乗根 　(3) 81 の 4 乗根 　(4) 1 の 3 乗根 　(5) -1 の 3 乗根

(6) $\sqrt[4]{16}$ 　　　(7) $\sqrt[5]{-32}$ 　　　(8) $\sqrt[4]{81}$ 　　　(9) $9^{\frac{1}{2}}$ 　　　(10) $(-8)^{\frac{1}{3}}$

1108 次の計算をせよ．

(1) $3^3 \times (-3)^{-3}$ 　　　(2) $9^{-\frac{1}{2}} \times \sqrt[3]{27}$ 　　　(3) $\sqrt[4]{9} \times 3^{-\frac{1}{2}}$ 　　　(4) $\left(\dfrac{1}{5}\right)^{-2} \times \sqrt{25^{-1}}$

(5) $16^{\frac{3}{4}} \times 4^{-\frac{1}{2}} \times \left(\dfrac{1}{4}\right)^{-1}$ 　　　(6) $4^{-\frac{1}{2}} \times \sqrt[3]{-8} \times 3^0$ 　　　(7) $(0.01)^{0.5} \times 100^{0.5}$

1109 光の進む速さはおよそ 3.0×10^8 m/s，地球と太陽の距離はおよそ 15×10^{10} m である．これらの数値から，太陽を出た光が地球に到着するまでのおよその時間 [s] を求めよ．

1110 次の指数方程式を解け．

(1) $2^{x+3} = 512$ 　　　　　　(2) $3^{-x} = 27$ 　　　　　　(3) $5 \cdot 9^{2x} = 405$

(4) $3^{-x-5} = \dfrac{1}{81}$ 　　　　(5) $4^x - 12 \cdot 2^x + 32 = 0$ 　　(6) $9^x - 10 \cdot 3^x + 9 = 0$

(7) $25^x - 22 \cdot 5^x - 75 = 0$ 　(8) $49^x = 50 \cdot 7^x - 49$ 　　(9) $\dfrac{1}{3} \cdot 9^x = 4 \cdot 3^x - 9$

1111 次の指数関数について，表を埋め，グラフを描け．

(1) $y = 5^x$ 　　　　　　　　　　(2) $y = 5^{-x}$

x	-3	-2	-1	0	1	2	3
y							

x	-3	-2	-1	0	1	2	3
y							

1112 $1\,\mathrm{m}^2 = 10000\,\mathrm{cm}^2$ であることを次のように説明した．（ ）内を埋めよ．

▶ $1\,\mathrm{m}^2$ は 1 辺 1 m の正方形の面積である．1 m は（ ① ）[cm] であるから，正方形の面積は（ ① ）[cm]×（ ① ）[cm] により計算できる．この面積を計算すると（ ② ）[cm²] となる．この面積を，指数を使って表すと，$1\,\mathrm{m}^2 = 10^{(\text{③})}$ [cm²] とも表すことができる．

1113 次の数量を，[ ] 内の単位に変換せよ．

(1) $20\,000\,\mathrm{mm}$ [m] 　(2) $3\,000\,000\,\mathrm{\mu m}$ [m] 　(3) $20\,\mathrm{cm}^2$ [m²] 　　　　(4) $0.003\,\mathrm{m}^2$ [mm²]

(5) $0.01\,\mathrm{g}$ [mg] 　　(6) $730\,\mathrm{g}$ [kg] 　　　(7) $80\,000\,\mathrm{kg \cdot m/s^2}$ [kN] (8) $54\,000\,\mathrm{s}^{-1}$ [kHz]

CHAPTER 12 | 対数関数

POINT 12-1 対数の定義

① $a > 0$, $a \neq 1$, $M > 0$ であるとき，$M = a^p$ のことを $p = \log_a M$ とも表現する．このとき p を「**a を底とする M の対数**」とよぶ．$\log_a M$ の M を**真数**とよび，$M > 0$ であることを**真数条件**という．

② 対数について，以下が成立する．

▶$\log_a a^p = p$ ▶$\log_a a = 1$ ▶$\log_a 1 = 0$ ▶$\log_a \dfrac{1}{a} = -1$

解説 ① $p = \log_a M$ は，$M = a^p$ と同じことを表している．この指数の表記と対数の表記の関連は，次のように文章で書き下すと理解しやすい．

▶$a^p = M$ は，「a を p 乗したら M になります」

log は，これを「何乗？」という疑問形に読み替えればよい．

▶$\log_a M = p$ は，「a を何乗したら M になりますか？ p 回です」

② これらの関係式は指数と対数の関係から導ける（→ **1211**）が，上記の方法を使えば次のように解釈できる．

▶$\log_a a^p = p$：「a を何乗したら a^p になりますか？ p 乗です」

▶$\log_a a = 1$：「a を何乗したら a になりますか？ 1 乗です」

▶$\log_a 1 = 0$：「a を何乗したら 1 になりますか？ 0 乗です」

▶$\log_a \dfrac{1}{a} = -1$：「a を何乗したら $\dfrac{1}{a}$ になりますか？ -1 乗です」

基本例題 12-1

次の値を整数または分数で表せ．

(1) $\log_2 128$　　(2) $\log_3 \dfrac{1}{81}$　　(3) $\log_5 \sqrt{5}$

....

解答 (1) $\log_2 128 = \log_2 2^7$ だから，「2 を何乗したら 2^7 になるか」と解釈して，$\log_2 128 = 7$ **答**

(2) $\log_3 \dfrac{1}{81} = \log_3 3^{-4}$ だから，「3 を何乗したら 3^{-4} になるか」と解釈して，$\log_3 \dfrac{1}{81} = -4$ **答**

(3) $\log_5 \sqrt{5} = \log_5 5^{\frac{1}{2}}$ だから，「5 を何乗したら $5^{\frac{1}{2}}$ になるか」と解釈して，$\log_5 \sqrt{5} = \dfrac{1}{2}$ **答**

✎ 演習問題 1201

次の対数の値を整数または分数で表せ．

(1) $\log_2 8$　　(2) $\log_2 32$　　(3) $\log_3 27$　　(4) $\log_5 1$　　(5) $\log_5 25$

(6) $\log_2 \dfrac{1}{16}$　　(7) $\log_5 \dfrac{1}{125}$　　(8) $\log_{10} 0.001$　　(9) $\log_2 \sqrt{8}$　　(10) $\log_5 \sqrt[4]{125}$

POINT 12-2 対数の性質

a, b, c を 1 でない正の実数，M, N を正の実数，k を実数とすると，次式が成り立つ.

① $\log_a MN = \log_a M + \log_a N$

② $\log_a \dfrac{M}{N} = \log_a M - \log_a N$

③ $\log_a M^k = k \cdot \log_a M$

④ $\log_a b = \dfrac{\log_c b}{\log_c a}$ （底の変換公式）

解説 対数は指数を別の表現で表したものであるから，指数法則を利用して対数に関する公式を導くことができる．これらの公式は必ず覚えよう.

① $p = \log_a M,\ q = \log_a N$ とする．前節より，これらの式は $a^p = M,\ a^q = N$ と同じであるから $MN = a^p \times a^q = a^{p+q}$ となり，これを対数で表すと $\log_a MN = p+q$ となる．p と q をもとに戻せば，$\log_a MN = \log_a M + \log_a N$ が得られる.

② 解説①で割り算を行えば得られる.

③ $r = \log_a M$ と置くと，指数と対数の関係から $a^r = M$ が得られる．この両辺を k 乗すると $(a^r)^k = M^k$，すなわち $a^{kr} = M^k$ となる．この式を対数で表すと，$\log_a M^k = k \cdot r = k \cdot \log_a M$ が得られる.

④ 底の変換公式は，両辺の対数をとるという方法を使って証明できる （→ **12-3**）が，ここでは $\log_a b$ における底 a の対数を分母に，真数 b の対数を分子に配置すると覚えればよい．また，変換する底 c は，1 を除く正の実数ならば何でもよい．すなわち以下のように，底の数を自由に変換してよい.

$$\log_a b = \frac{\log_2 b}{\log_2 a} = \frac{\log_3 b}{\log_3 a} = \frac{\log_{10} b}{\log_{10} a} = \cdots$$

基本例題 12-2

(1) 次の計算をせよ.

　① $\log_{10} 2 + \log_{10} 5$ 　② $\log_5 250 - \log_5 10$

(2) $\log_{10} 2 = 0.3010$ とするとき，$\dfrac{1}{\log_2 100}$ を求めよ.

· ·

解答 (1) ① $\log_{10} 2 + \log_{10} 5 = \log_{10}(2 \times 5) = \log_{10} 10 = 1$ **答**

　② $\log_5 250 - \log_5 10 = \log_5 \left(\dfrac{250}{10} \right) = \log_5 25 = \log_5 5^2 = 2$ **答**

(2) $\log_2 100$ に底の変換公式を用いて底を 10 に変換すると，

$$\log_2 100 = \frac{\log_{10} 100}{\log_{10} 2} = \frac{2}{\log_{10} 2} \ \rightarrow \ \frac{1}{\log_2 100} = \frac{\log_{10} 2}{2} = \frac{0.3010}{2} = 0.1505 \ \text{**答**}$$

✎ 演習問題 1202

次の計算をせよ.

(1) $\log_6 12 + \log_6 3$ 　　(2) $\log_{10} 5 + \log_{10} 20$ 　　(3) $\log_2 160 - \log_2 20$

(4) $\log_5 375 - \log_5 3$ 　　(5) $\log_2 27 + \log_2 9$ 　　(6) $\log_{10} 125 - \log_{10} 25$

POINT

12-3　対数方程式

① 対数に未知数を含む方程式を対数方程式という.

② $a > 0,\ a \neq 1,\ b > 0$ であるとき,　$\log_a x = \log_a b$ ならば $x = b$.

③ $x = b\ (b > 0)$ であるとき,　$\log_a x = \log_a b$ も成立する. この操作を,　**両辺の対数をとる**という. 底 a については $a > 0,\ a \neq 1$ を満たしていれば何でもよい.

④ 対数方程式は,　$\log_a x = X$ のように文字を置き換えることで解くことができる.

解説　② 　対数方程式を扱う基本は, 両辺の「$\log_底$ 真数」の底をそろえて真数を比較することである. $\log_2 x = \log_2 3$ のように底がそろっていれば $x = 3$ と得られるが,　$\log_2 x = \log_4 9$ のように底がそろっていないときは, 底の変換公式 (→ **12-2**) を使えばよい.

　④ 　$\log_a x = X$ のように文字の置き換えを使って方程式を解く場合, 先に対数の性質を用いて,　X に置き換えられるように式を変形しておく. たとえば,　$X = \log_2 x$ としたいときは,　$\log_2 x^3 = 3 \log_2 x = 3X$ のように変形しておく.

基本例題 12-3

次の方程式を解け.

(1) $2 \log_2 (x + 3) = \log_2 25$　　　(2) $(\log_3 x)^2 + \log_3 x - 6 = 0$

⋯⋯⋯⋯⋯⋯⋯⋯⋯⋯⋯⋯⋯⋯⋯⋯⋯⋯⋯⋯⋯⋯⋯⋯⋯⋯⋯⋯⋯⋯⋯⋯⋯⋯⋯⋯

解答　(1) 右辺は $\log_2 25 = \log_2 5^2 = 2 \log_2 5$.

　　　よって方程式は,　$2 \log_2 (x + 3) = 2 \log_2 5\ \rightarrow\ \log_2 (x + 3) = \log_2 5$
　　　したがって,　$x + 3 = 5$ だから,　$x = 2$　**答**

　　　別解　与えられた方程式を変形すると,　$\log_2 (x + 3)^2 = \log_2 25$.
　　　底がそろっているから, 真数を比較して,　$(x + 3)^2 = 25$.

$$\therefore x + 3 = \pm 5\ \rightarrow\ x = 2, -8$$

　　　真数条件 $x + 3 > 0$ より,　$x = -8$ は不適. よって $x = 2$　**答**

　　(2) $\log_3 x = X$ と置くと, 与式は $X^2 + X - 6 = 0$.

$$(X - 2)(X + 3) = 0\ \rightarrow\ X = 2, -3$$

　　　$X = \log_3 x = 2$ のとき,　$x = 3^2 = 9$.

　　　$X = \log_3 x = -3$ のとき,　$x = 3^{-3} = \dfrac{1}{27}$.

　　　よって,　$x = 9,\ \dfrac{1}{27}$　**答**

演習問題 1203

次の方程式を解け.

(1) $\log_2 (x - 3) = \log_2 5$　　　(2) $\log_2 (x^2 + 2) = \log_2 6$

(3) $\log_5 (x^2 - 4) = 1$　　　　　(4) $(\log_2 x)^2 - 10 \log_2 x + 16 = 0$

(5) $(\log_5 x)^2 = 9$　　　　　　　(6) $2 (\log_2 x)^2 - 3 \log_2 x + 1 = 0$

86　第 12 章　対数関数

POINT 12-4 対数関数のグラフ

$y = \log_a x$（$a > 0$, $a \neq 1$）の形で表される関数を**対数関数**という．対数関数には以下の性質がある．

① $a > 1$ のとき，x の値が増加すると y の値も増加する．
② $0 < a < 1$ のとき，x の値が増加すると y の値は減少する．
③ グラフは点 $(x, y) = (1, 0)$ を必ず通り，y 軸が漸近線となる．

解説 定義より，対数関数の x がとりうる値の範囲（**定義域**という）は正の数である．したがって，対数関数のグラフは $x > 0$ の範囲にしか現れない．

対数関数のグラフは a の値によって形状が異なる．$a > 1$ のときは右上がりのグラフ，$0 < a < 1$ のときは右下がりのグラフになる．また，$\log_a 1 = 0$ であるから，$y = \log_a x$ のグラフは点 $(x, y) = (1, 0)$ を必ず通る．

基本例題 12-4

次の対数関数のグラフを描け．

(1) $y = \log_2 x$ (2) $y = \log_{\frac{1}{2}} x$

解答 対数関数のグラフを描くときにも表を作るとよいが，そのときの x の値は $\log_a x$ の底 a の整数乗を選ぶとよい．

(1) 底は $a = 2$ だから，x の値として $2^{-2}, 2^{-1}, 2^0, 2^1, 2^2$ を選ぶと（$x = \frac{1}{4}, \frac{1}{2}, 1, 2, 4$），以下の表が得られる．

x	$\frac{1}{4}$	$\frac{1}{2}$	1	2	4
$y = \log_2 x$	-2	-1	0	1	2

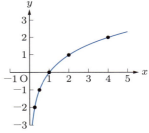

(2) 底は $a = \frac{1}{2}$ だから，x の値として

$\left(\frac{1}{2}\right)^{-2}, \left(\frac{1}{2}\right)^{-1}, \left(\frac{1}{2}\right)^{0}, \left(\frac{1}{2}\right)^{1}, \left(\frac{1}{2}\right)^{2}$ を選ぶと（マイナス乗は逆数になるから，$x = 4, 2, 1, \frac{1}{2}, \frac{1}{4}$），以下の表が得られる．表を作るときは x の小さい順に並べ替えること．

x	$\frac{1}{4}$	$\frac{1}{2}$	1	2	4
$y = \log_{\frac{1}{2}} x$	2	1	0	-1	-2

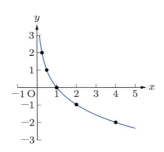

演習問題 1204

次の対数関数のグラフを描け．

(1) $y = \log_3 x$ (2) $y = \log_{\frac{1}{3}} x$

POINT 12-5 常用対数と対数軸

① $\log_a x$ の底を $a = 10$ とした対数,すなわち $\log_{10} x$ を**常用対数**という.

② グラフの軸について,x 軸目盛のみを常用対数の長さでふったものを**片対数グラフ**,両軸目盛を常用対数の長さでふったものを**両対数グラフ**という.

解説 ① 対数では,底の値を 10 にすると都合のよいことが多い.たとえば $\log_{10} 2 \fallingdotseq 0.3010, \log_{10} 3 \fallingdotseq 0.4771$ のように近似値がわかっていれば,対数の性質を利用して,$\log_{10} 6, \log_{10} 5, \log_2 3$ などほかの対数の近似値も得られる(→基本例題 **12-5**).

② 急激に増加したり減少したりする値を普通のグラフで表すと,原点付近に点が詰まったり,グラフの表示範囲を飛び出したりする場合がある.そうすると,全体の傾向がよくわからなくなってしまう.このようなときに,軸目盛を対数の長さで表した**対数軸**を用いる.右図の数直線に示すように,対数軸では目盛が一定の長さ進むごとに値の桁が 1 つ上がる.

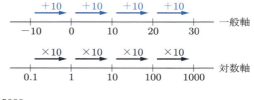

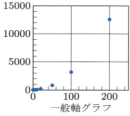
一般軸グラフ

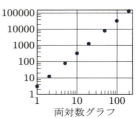
両対数グラフ

対数軸を用いたグラフを**対数グラフ**という.図の 2 つのグラフは同じデータを一般軸グラフと対数グラフで表したものである.一般軸グラフにおいて x の小さい範囲で点が詰まるような場合でも,対数グラフを用いると広範囲に点がばらける.なお,対数軸に 0 を表すことはできないから,対数グラフには原点 O は存在しない(→ **1213**).

基本例題 12-5

$\log_{10} 2 \fallingdotseq 0.3010, \log_{10} 3 \fallingdotseq 0.4771$ とする.次の値の近似値を小数第 4 位まで求めよ.

(1) $\log_{10} 6$ (2) $\log_{10} 5$ (3) $\log_2 3$

解答 (1) 対数の積の性質を利用すると,
$$\log_{10} 6 = \log_{10}(2 \times 3) = \log_{10} 2 + \log_{10} 3 = 0.3010 + 0.4771 = 0.7781 \quad \text{答}$$

(2) 対数の商の性質を利用すると,
$$\log_{10} 5 = \log_{10} \frac{10}{2} = \log_{10} 10 - \log_{10} 2 = 1 - 0.3010 = 0.6990 \quad \text{答}$$

(3) 底の変換公式を利用すると,$\log_2 3 = \dfrac{\log_{10} 3}{\log_{10} 2} = \dfrac{0.4771}{0.3010} = 1.5850 \quad \text{答}$

演習問題 1205

$\log_{10} 2 \fallingdotseq 0.3010, \log_{10} 3 \fallingdotseq 0.4771$ とする.次の値の近似値を小数第 4 位まで求めよ.

(1) $\log_{10} 12$ (2) $\log_{10} 30$ (3) $\log_{10} 1.5$ (4) $\log_{0.1} 2$ (5) $\log_5 3$

CHAPTER 12 章末問題

1206 次の対数の値を整数または分数で表せ．

(1) $\log_2 16$ (2) $\log_5 625$ (3) $\log_3 243$ (4) $\log_{10} 1$ (5) $\log_7 \sqrt{7}$

(6) $\log_2 \dfrac{1}{4}$ (7) $\log_{0.1} 0.01$ (8) $\log_{\frac{1}{2}} \left(\dfrac{1}{4}\right)$ (9) $\log_3 \sqrt[3]{81}$ (10) $\log_{10} \sqrt[4]{1000}$

1207 次の計算をせよ．

(1) $\log_6 8 + \log_6 27$ (2) $\log_{10} 8 + \log_{10} 125$ (3) $\log_3 45 - \log_3 5$

(4) $\log_2 80 - \log_2 5$ (5) $\log_3 32 + \log_3 8$ (6) $\log_{10} 0.01 + \log_{10} 100$

1208 $\log_{10} 2 = a$, $\log_{10} 3 = b$ とするとき，$\log_{10} 12$ を a, b を用いて表せ．

1209 次の方程式を解け．

(1) $3\log_2 x = \log_2 125$ (2) $\log_2 (2x-5) = \log_2 7$ (3) $\log_2 (x^2 - 6) = \log_2 x$

(4) $(\log_3 x)^2 - \log_3 x = 2$ (5) $(\log_2 x)^2 - 9 = 0$ (6) $3(\log_2 x)^2 - 5\log_2 x - 2 = 0$

1210 次の対数関数について，表を埋め，グラフを描け．表は (1)(2) 共通である．

(1) $y = \log_5 x$
(2) $y = \log_{\frac{1}{5}} x$

x	1/125	1/25	1/5	1	5	25	125
y							

1211 12-1 ② で示した各公式は，対数の関係式を指数の関係式で表すことで容易に得られる．以下の文章の（ ）内を埋めよ．ただし $a > 0, a \neq 1$ とする．

(1) $\log_a a^p = A$ と置くと，左辺の対数の底は（①），真数は（②）である．この関係式を指数の関係で表すと，$a^A = $（③）となるから，指数を比較して $A = p$．すなわち $\log_a a^p = p$．

(2) $\log_a 1 = B$ と置くと，左辺の対数の底は（④），真数は（⑤）である．この関係式を指数の関係で表すと，$a^B = $（⑥）となる．0乗が（⑦）だから $B = 0$．すなわち $\log_a 1 = 0$．

1212 $\log_2 3 \times \log_3 5 \times \log_5 2$ を簡単にせよ．

1213 常用対数の条件は $\log_{10} x > 0$ であるから，対数軸に 0 を示すことはできない．そこで，対数軸では $x = 1$ からの距離を対数の値，方向をその符号で示す．たとえば $x = 10$ は $\log_{10} 10 = 1$, $x = 0.1$ は $\log_{10} 0.1 = -1$ の位置に示すことになる．

これを考えたとき，① $x = 2$, ② $x = 5$, ③ $x = 20$, ④ $x = 50$, ⑤ $x = 100$, ⑥ $x = 0.2$, ⑦ $x = 0.5$ は下の対数軸のどの位置になるか．記号で答えよ．ただし，$\log_{10} 2 \fallingdotseq 0.3010$ とする．

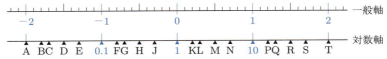

CHAPTER 13 微分法 I

POINT 13-1 極限値と無限大

① 関数 $f(x)$ において，x の値を限りなく a に近づけたときに，$f(x)$ がある一定の値 b に近づいていく場合，b を「$x \to a$ のときの $f(x)$ の**極限値**」といい，$\lim_{x \to a} f(x) = b$ と表す．

② 限りなく大きい値を**無限大**といい，記号 ∞ で表す．

解説 ① $f(x) = \dfrac{x^2 - 4}{x - 2}$ $(x \neq 2)$ という関数を考える．この関数では $x \neq 2$ という条件がついているので，$x = 2$ を除外して考える必要がある．このような場合，右のグラフのように○をつけることにより，$x = 2$ を除外することを示す．

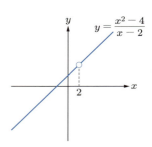

この関数に $x = 2$ をむりやり代入すると，$f(2) = \dfrac{0}{0}$ となり，分母が 0 となって数値が定義されない．しかし，それ以外の数値 $x = a$ を代入すれば，$f(a) = \dfrac{a^2 - 4}{a - 2} = \dfrac{(a+2)(a-2)}{a-2} = a + 2$ と約分できるから，$f(1.999) = 3.999, f(2.001) = 4.001$ のように計算できる．したがって，$f(2)$ そのものを計算することはできないが，x を限りなく 2 に近づけたとき $f(x)$ の値は 4 に近づくことがわかる．このときの値 4 を極限値といい，次のように表す．

$$\lim_{x \to 2} \frac{x^2 - 4}{x - 2} = 4$$

② $f(x) = \dfrac{1}{x}$ という関数を考える．この関数で x を大きくしていくと，

$$f(10) = \frac{1}{10} = 0.1, \quad f(100) = 0.01, \quad f(1000) = 0.001, \quad f(10000) = 0.0001, \ldots$$

のように 0 に近づいていくが，0 になることはない．この例では x を無限に大きくしていったときの極限値を考えていることになり，$\lim_{x \to \infty} \dfrac{1}{x} = 0$ と書く．この ∞ を「無限に大きな数字」という意味で無限大という．

演習問題 1301

次の極限値を求めよ．

(1) $\lim_{x \to 0} \dfrac{x}{x^2 + 3x}$ 　　(2) $\lim_{x \to 2} \dfrac{x^2 + 3x - 10}{x - 2}$ 　　(3) $\lim_{x \to -3} \dfrac{2x + 6}{x^2 - 9}$

POINT 13-2 平均変化率と微分係数

① 関数 $y = f(x)$ において，x が a から b に変化したときの増加量 $\Delta x = b - a$ に対する y の変化量 $\Delta y = f(b) - f(a)$ の割合

$$\frac{\Delta y}{\Delta x} = \frac{f(b) - f(a)}{b - a}$$

を，x が a から b に変化するときの**平均変化率**という．

② 平均変化率において，b を a に（Δx を 0 に）近づけていったときの極限値を，関数 $f(x)$ の $x = a$ における**微分係数**といい，$\boldsymbol{f'(a)}$ と表す．すなわち，

$$f'(a) = \lim_{b \to a} \frac{f(b) - f(a)}{b - a} \quad \text{または} \quad f'(a) = \lim_{\Delta x \to 0} \frac{f(a + \Delta x) - f(a)}{\Delta x}$$

解説 ① 右図において，$y = f(x)$ 上の点 A の座標は $(a, f(a))$，点 B の座標は $(b, f(b))$ である．したがって，点 A から点 B に変化したときの平均変化率は，

$$\frac{\Delta y}{\Delta x} = \frac{f(b) - f(a)}{b - a} = \frac{f(a + \Delta x) - f(a)}{\Delta x}$$

となる．この $\dfrac{\Delta y}{\Delta x}$ は直線 AB の傾きに等しい．

② 上図において，点 A を固定して点 B を点 A に近づけていくと，平均変化率はある一定の値に収束する（収束しない場合もあるが，ここでは考えない）．このときの平均変化率の極限値が $x = a$ における微分係数 $f'(a)$ である．

基本例題 13-2

(1) 関数 $y = x^2$ について，$x = 2$ から $x = 5$ に変化するときの平均変化率を求めよ．
(2) 関数 $y = x^2$ について，$x = 2$ における微分係数を求めよ．

解答 (1) $\Delta x = 5 - 2 = 3$, $\Delta y = f(5) - f(2) = 25 - 4 = 21$ (注)

よって平均変化率は，$\dfrac{\Delta y}{\Delta x} = \dfrac{21}{3} = 7$ **答**

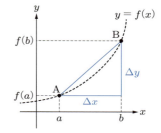

(**注**) この文章を書く代わりに，右のような表を作ってもよい．

(2) $f'(2) = \lim_{\Delta x \to 0} \dfrac{f(2 + \Delta x) - f(2)}{\Delta x} = \lim_{\Delta x \to 0} \dfrac{(2 + \Delta x)^2 - 2^2}{\Delta x}$

$= \lim_{\Delta x \to 0} \dfrac{4 + 4\Delta x + (\Delta x)^2 - 4}{\Delta x} = \lim_{\Delta x \to 0} \dfrac{4\Delta x + (\Delta x)^2}{\Delta x} = \lim_{\Delta x \to 0} (4 + \Delta x) = 4$ **答**

演習問題 1302

(1) $f(x) = x^2 + 2x + 1$ について，次の区間における平均変化率を求めよ．
　① $x = 3$ から $x = 6$　② $x = 3$ から $x = 5$　③ $x = 3$ から $x = 4$
(2) $f(x) = x^2 + 2x + 1$ について，$x = 3$ における微分係数を求めよ．

POINT 13-3 導関数

① 関数 $y = f(x)$ の**導関数** $f'(x)$ の定義は，$f'(x) = \lim_{h \to 0} \dfrac{f(x+h) - f(x)}{h}$

② $y = f(x)$ の導関数は以下のようにも表記する．

$$y', \quad \dfrac{dy}{dx}, \quad \dfrac{d}{dx}f(x), \quad \dfrac{df(x)}{dx}$$

③ $y = f(x)$ の $x = a$ における微分係数を求めるときは，導関数 $f'(x)$ を求めて $x = a$ を代入すればよい．

解説 ① 13-2 で学んだ微分係数の定義において，定数 a を変数 x に，Δx を h に置き換えて得られる x の関数を導関数とよび，$f(x)$ の導関数を求めることを「$f(x)$ を x で**微分する**」という．

② $y = f(x)$ を x で微分したことを表す記号は上記のように複数あるが，すべて同じ意味である．始めの 2 つは必ず覚えること．なお，$\dfrac{dy}{dx}$ は「$dydx$」のように上から下に読む．

基本例題 13-3

$f(x) = 5x^2$ の導関数を求め，$x = 3$ における微分係数を求めよ．

解答 導関数は，

$$f'(x) = \lim_{h \to 0} \dfrac{f(x+h) - f(x)}{h} = \lim_{h \to 0} \dfrac{5(x+h)^2 - 5x^2}{h}$$
$$= \lim_{h \to 0} \dfrac{5(x^2 + 2xh + h^2) - 5x^2}{h} = \lim_{h \to 0} \dfrac{10xh + 5h^2}{h} = \lim_{h \to 0} (10x + 5h) = 10x \quad \text{答}$$

$x = 3$ における微分係数は，$f'(x)$ に $x = 3$ を代入すればよい．

$$f'(3) = 10 \times 3 = 30 \quad \text{答}$$

演習問題 1303

N 君は導関数の定義を暗記できなかったので，以下のように覚えることにした．次の問いに答えよ．

(1) 右のような $y = f(x)$ のグラフを考え，点 $A(x_A, y_A)$ と点 $B(x_B, y_B)$ を設定する．このとき，点 A から点 B の区間の平均変化率を x_A, y_A, x_B, y_B を用いて表せ．

(2) 点 B は点 A から x 座標を h だけ増加させた位置にあるとすると，$x_B = x_A + h, y_B - y_A = f(x_B) - f(x_A)$ と表される．(1) で得られた平均変化率の式から x_B, y_A, y_B を消去し，x_A, h, f で表せ．

(3) (2) で得られた式について x_A を x と置き換え，$h \to 0$ の極限をとることで導関数の定義を示せ．

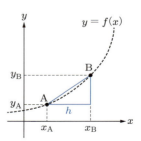

POINT

13-4 整式の微分法

① n が自然数のとき，$(x^n)' = \dfrac{d}{dx}x^n = nx^{n-1}$

② C が定数のとき，$(C)' = \dfrac{d}{dx}C = 0$

③ u, v が x の関数，a, b が定数であるとき，

$$(u+v)' = u' + v', \quad (au)' = a(u)' = au', \quad (au+bv)' = au' + bv'$$

解説 ① 導関数の定義 $f'(x) = \displaystyle\lim_{h \to 0} \dfrac{f(x+h) - f(x)}{h}$ を用いて，$f(x) = x$, $f(x) = x^2$, $f(x) = x^3$ の導関数を求めてみよう．

$f(x) = x$	$f'(x) = \displaystyle\lim_{h \to 0} \dfrac{f(x+h) - f(x)}{h} = \lim_{h \to 0} \dfrac{(x+h) - x}{h} = \lim_{h \to 0} \dfrac{h}{h} = 1$
$f(x) = x^2$	$f'(x) = \displaystyle\lim_{h \to 0} \dfrac{(x+h)^2 - x^2}{h} = \lim_{h \to 0} \dfrac{x^2 + 2xh + h^2 - x^2}{h} = \lim_{h \to 0} \dfrac{2xh + h^2}{h}$ $= \displaystyle\lim_{h \to 0} (2x + h) = 2x$
$f(x) = x^3$	$f'(x) = \displaystyle\lim_{h \to 0} \dfrac{(x+h)^3 - x^3}{h} = \lim_{h \to 0} \dfrac{x^3 + 3x^2h + 3xh^2 + h^3 - x^3}{h}$ $= \displaystyle\lim_{h \to 0} \dfrac{3x^2h + 3xh^2 + h^3}{h} = \lim_{h \to 0} \left(3x^2 + 3xh + h^2\right) = 3x^2$

以上をまとめると，$(x)' = 1$, $(x^2)' = 2x$, $(x^3)' = 3x^2$ である．ここで $(x)' = 1x^0$ と解釈すれば，「**x^n を微分すると係数に n が出て，指数部分が 1 減る**」というルールが成り立ちそうである．ほかの自然数 n についても，同様に証明できる．

② 定数の導関数については，たとえば $f(x) = 5$ を考えれば，x の値にかかわらず $f(x)$ は常に 5 である．したがって

$$f'(x) = \lim_{h \to 0} \frac{f(x+h) - f(x)}{h} = \lim_{h \to 0} \frac{5 - 5}{h} = 0$$

であり，これはあらゆる定数について成立する．

③ 複数の関数が足し算や引き算で結ばれているときは，項ごとに微分すればよい．関数の定数倍については，関数の部分だけを微分すればよい．

基本例題 13-4

$y = 7x^4 - 6x^2 + 5$ の導関数を求めよ．

解答 $y' = 7\left(x^4\right)' - 6\left(x^2\right)' + (5)' = 7 \times 4x^3 - 6 \times 2x + 0 = 28x^3 - 12x$ **答**

演習問題 1304

公式を用いて，次の関数の導関数を求めよ．

(1) $f(x) = 10x^2 + 3x + 1$　　(2) $f(x) = -5x^8 + 2x^4$　　(3) $y = 100 - 6x^2$　　(4) $y = 20^3$

POINT 13-5　実数乗の導関数

① p が実数のとき，$(x^p)' = \dfrac{d}{dx}x^p = px^{p-1}$

② $\sqrt{}$ のついた関数や，分母に累乗のある関数の導関数は，指数法則により x^p の形にしたあと，①を使って微分することで得られる．

解説　①　前節で扱った公式 $(x^n)' = nx^{n-1}$ は，n が実数 p の場合でも成立する．指数の部分が自然数以外の場合，定義からこの公式を導くことは困難なので，ここでは公式だけを覚えておけばよい．

②　$f(x) = \sqrt{x}$ や $f(x) = \dfrac{1}{x^3}$ のような関数を微分する場合，$\sqrt{x} = x^{\frac{1}{2}}$ や $\dfrac{1}{x^3} = x^{-3}$ のように指数法則を用いて x^p の形に変形してから，公式を適用して求められる．

基本例題 13-5

次の関数を x で微分せよ．

(1) $y = \sqrt[4]{x^3}$　　　(2) $y = \dfrac{3}{x^3}$　　　(3) $y = \dfrac{1}{\sqrt[3]{x}}$

・・

解答 (1) 指数法則を用いると，$y = \sqrt[4]{x^3} = x^{\frac{3}{4}}$.

よって，$y' = \dfrac{3}{4}x^{\frac{3}{4}-1} = \dfrac{3}{4}x^{-\frac{1}{4}}\ \left(= \dfrac{3}{4x^{\frac{1}{4}}} = \dfrac{3}{4\sqrt[4]{x}}\right)$　**答**

(2) 指数法則を用いると，$y = \dfrac{3}{x^3} = 3x^{-3}$.

よって，$y' = 3 \times (-3x^{-4}) = -9x^{-4}\ \left(= -\dfrac{9}{x^4}\right)$　**答**

(3) $\sqrt{}$ 記号が分母にあるときは，$\sqrt{}$ 記号を指数表示にしてから逆数（マイナス乗）にする．

$$y = \dfrac{1}{\sqrt[3]{x}} = \dfrac{1}{x^{\frac{1}{3}}} = x^{-\frac{1}{3}}$$

$$y' = -\dfrac{1}{3}x^{\left(-\frac{1}{3}-1\right)} = -\dfrac{1}{3}x^{-\frac{4}{3}}\ \left(= -\dfrac{1}{3x^{\frac{4}{3}}} = -\dfrac{1}{3\sqrt[3]{x^4}} = -\dfrac{1}{3x\sqrt[3]{x}}\right)$$　**答**

※解答は，x^p の形まで求められていればよい．指数法則を用いて解答を変形するときの順番は，マイナス乗を逆数にしてから $\sqrt{}$ 記号表記にすると誤りが少なくなる．

✎ 演習問題 1305

次の関数を x で微分せよ．

(1) $y = x^{\frac{3}{2}}$　　　(2) $y = x^{\frac{1}{3}}$　　　(3) $y = x^{-3}$　　　(4) $y = x^{-\frac{2}{3}}$

(5) $y = \sqrt[3]{x^5}$　　　(6) $y = \sqrt[4]{x}$　　　(7) $y = \sqrt{x}$　　　(8) $y = \sqrt{x^3}$

(9) $y = \dfrac{1}{x^2}$　　　(10) $y = \dfrac{1}{x}$　　　(11) $y = \dfrac{1}{\sqrt{x}}$　　　(12) $y = \dfrac{1}{\sqrt[3]{x^2}}$

POINT 13-6 三角関数の極限と導関数

① $\displaystyle\lim_{x\to 0}\frac{x}{\sin x}=1$, $\displaystyle\lim_{x\to 0}\frac{\sin x}{x}=1$ （x の単位はラジアン）

② $(\sin x)'=\cos x$, $(\cos x)'=-\sin x$, $(\tan x)'=\dfrac{1}{\cos^2 x}$

解説 ① 半径 1 の単位円を描き，右図のような 2 つの直角三角形 △OAC と △OBD を作る．OC = OB = 1 であるから，
$$AC = OC \cdot \sin x = \sin x, \quad BD = OB \cdot \tan x = \tan x$$
となる．また，$\overparen{BC}$ の長さは，中心角 x [rad] を用いて
$$\overparen{BC}= 半径\times 中心角 = 1\times x = x$$
と得られる（→ **9-2**）．図から明らかに，$AC<\overparen{BC}<BD$ だから，次が成り立つ．
$$\sin x < x < \tan x \quad \cdots (A)$$

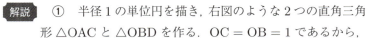

この式を $\sin x$ で割り，$\tan x = \dfrac{\sin x}{\cos x}$ を用いると $1 < \dfrac{x}{\sin x} < \dfrac{1}{\cos x}$ が得られる．ここで $x\to 0$ の極限を考えると，$\displaystyle\lim_{x\to 0}\dfrac{1}{\cos x} = 1$ であるから，1 と $\dfrac{1}{\cos x}$ の間にある $\dfrac{x}{\sin x}$ も 1 に近づく．したがって，①の第 1 式が得られる（ここで用いた，大小関係にある 2 つの関数を用いて極限を導出する方法を，**はさみうち**とよぶ）．式 (A) を逆数にすると不等号の向きが反転するので，同様の操作によって①の第 2 式が得られる．

② $\sin x, \cos x$ の導関数は三角関数の積分（→ **15-5**）の公式と混同しやすいので，右図のように覚えておくとよい．時計の 12 時の位置に $\sin x$，3 時の位置に $\cos x$ と書き，それぞれの反対の位置に $-\sin x, -\cos x$ と書く．微分するときは図を時計回りに見る．たとえば $\cos x$ を微分した導関数は，時計回りに進んだ $-\sin x$ である．

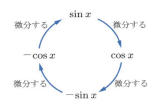

基本例題 13-6

$\displaystyle\lim_{x\to 0}\dfrac{\sin 2x}{x}$ を求めよ．

解答 $X = 2x$ と置くと，$x\to 0$ のとき $X\to 0$.
よって，$\displaystyle\lim_{X\to 0}\dfrac{\sin X}{\left(\dfrac{X}{2}\right)} = \lim_{X\to 0}\left(\dfrac{\sin X}{X}\times 2\right) = 1\times 2 = 2$ **答**

演習問題 1306

(1) $\displaystyle\lim_{x\to 0}\dfrac{x}{\sin 3x}$ を求めよ．

(2) 次の関数を微分せよ．

　　① $f(x) = 5\sin x$　　② $f(x) = 2\cos x$　　③ $f(x) = 4\tan x$

POINT 13-7　指数関数・対数関数の導関数

① $\displaystyle\lim_{h\to 0}(1+h)^{\frac{1}{h}}=2.71828\cdots=e$　　または　　$\displaystyle\lim_{h\to\infty}\left(1+\frac{1}{h}\right)^{h}=e$

② $(e^x)'=e^x,$　$(a^x)'=a^x\log_e a.$　　ただし，$a>0.$

③ $(\log_e x)'=\dfrac{1}{x},$　$(\log_a x)'=\dfrac{1}{x\log_e a}.$　ただし，$x>0, a>0, a\neq 1.$

解説　① $(1+h)^{\frac{1}{h}}$ において h を無限に小さくしていくと，ある一定値（$2.71828\cdots$）に近づく．この値は無理数であり，**ネイピア数**（もしくはオイラー数）とよばれる．ネイピア数を表す記号には e を用いる．ネイピア数の覚え方には次のようなものがある．

▶ $e=2.718\,28\cdots$　　（ふなひとはち ふたはち：鮒一鉢二鉢）

このネイピア数 e を底とする対数は**自然対数**とよばれ，常用対数（→ **12-5**）とならぶ重要な対数である．

②③　指数関数・対数関数の導関数は簡潔な形をしているが，証明にはかなり工夫が必要である．ここでは証明は行わないが，②③の公式を必ず覚えておくこと．

基本例題 13-7

(1) $\displaystyle\lim_{x\to 0}(1+3x)^{\frac{1}{x}}$ を求めよ．

(2) $y=3^x$ を x で微分せよ．

(3) $y=\log_5 x\ (x>0)$ を x で微分せよ．

解答 (1) $X=3x$ と置くと，$x\to 0$ のとき $X\to 0$．また，$\dfrac{1}{x}=\dfrac{3}{X}.$

したがって，$\displaystyle\lim_{x\to 0}(1+3x)^{\frac{1}{x}}=\lim_{X\to 0}(1+X)^{\frac{3}{X}}=\lim_{X\to 0}\left\{(1+X)^{\frac{1}{X}}\right\}^3=e^3$　**答**

(2) ②の公式 $(a^x)'=a^x\log_e a$ において $a=3$ であるから，

$$y'=3^x\log_e 3\quad \text{答}$$

(3) ③の公式 $(\log_a x)'=\dfrac{1}{x\log_e a}$ において $a=5$ であるから，

$$y'=\frac{1}{x\log_e 5}\quad \text{答}$$

✎ 演習問題 1307

(1) 次の極限を求めよ．

　① $\displaystyle\lim_{x\to 0}(1+5x)^{\frac{1}{x}}$　　② $\displaystyle\lim_{x\to 0}\left(1+\frac{x}{2}\right)^{\frac{1}{x}}$　　③ $\displaystyle\lim_{x\to\infty}\left(1+\frac{1}{2x}\right)^{x}$

(2) 次の関数を x で微分せよ．

　① $y=3e^x$　　② $y=2^x$　　③ $y=\log_e x^2\ (x>0)$　　④ $y=\log_2 x\ (x>0)$

96　第 13 章　微分法 I

>>>>>>>>>>>>>>>> **CHAPTER 13** 章末問題 <<<<<<<<<<<<<<<<

1308 次の極限値を求めよ.

(1) $\displaystyle\lim_{x \to 3} \frac{x^2 + 2x - 15}{x - 3}$
(2) $\displaystyle\lim_{x \to 1} \frac{x - 1}{x^2 + x - 2}$
(3) $\displaystyle\lim_{x \to -2} \frac{x^2 + 10x + 16}{x^2 + 7x + 10}$

(4) $\displaystyle\lim_{x \to \infty} \frac{x}{x^2}$
(5) $\displaystyle\lim_{x \to \infty} (x + 5)$
(6) $\displaystyle\lim_{x \to \infty} \frac{2x + 1}{x}$

1309 $f(x) = 2x^3$ について, 次の区間における平均変化率を求めよ.

(1) $x = 1$ から $x = 2$
(2) $x = 0$ から $x = 3$
(3) $x = 1$ から $x = 3$

1310 次の関数 $f(x)$ について, 公式を用いて導関数 $f'(x)$ を求め, ( )内の値における微分係数を求めよ.

(1) $f(x) = x^5 \ (x = 2)$
(2) $f(x) = 2x^3 \ (x = -1)$
(3) $f(x) = -3x^2 \ (x = 0)$

(4) $f(x) = x^{\frac{1}{2}} \ (x = 4)$
(5) $f(x) = x^{\frac{3}{4}} \ (x = 1)$
(6) $f(x) = x^{-2} \ (x = 2)$

(7) $f(x) = \sqrt[5]{x^4} \ (x = 32)$
(8) $f(x) = \dfrac{1}{x^3} \ (x = -3)$
(9) $f(x) = \dfrac{4}{3x^3} \ (x = 2)$

1311 次の極限値を求めよ.

(1) $\displaystyle\lim_{x \to 0} \frac{x}{\sin 2x}$
(2) $\displaystyle\lim_{x \to 0} \frac{\sin 5x}{x}$
(3) $\displaystyle\lim_{x \to 0} \frac{x}{\sin \frac{x}{2}}$
(4) $\displaystyle\lim_{x \to 0} \frac{\sin \frac{x}{3}}{x}$

1312 次の関数 $f(x)$ について, 公式を用いて導関数 $f'(x)$ を求め, ( )内の値における微分係数を求めよ.

(1) $f(x) = \sin x \ (x = \pi \,[\text{rad}])$
(2) $f(x) = \cos x \ (x = 0 \,[\text{rad}])$

(3) $f(x) = -3 \sin x \ (x = \dfrac{\pi}{2} \,[\text{rad}])$
(4) $f(x) = 5 \cos x \ (x = \dfrac{\pi}{6} \,[\text{rad}])$

(5) $f(x) = \tan x \ (x = 0 \,[\text{rad}])$
(6) $f(x) = \dfrac{1}{8} \tan x \ (x = \dfrac{\pi}{3} \,[\text{rad}])$

1313 次の極限値を求めよ.

(1) $\displaystyle\lim_{x \to 0} (1 + 3x)^{\frac{1}{x}}$
(2) $\displaystyle\lim_{x \to 0} \left(1 + \frac{x}{4}\right)^{\frac{1}{x}}$
(3) $\displaystyle\lim_{x \to \infty} \left(1 + \frac{5}{x}\right)^{x}$

1314 次の関数 $f(x)$ について, 公式を用いて導関数 $f'(x)$ を求め, ( )内の値における微分係数を求めよ. (4)〜(6) は $x > 0$ とする.

(1) $f(x) = e^x \ (x = 0)$
(2) $f(x) = 3^x \ (x = 1)$
(3) $f(x) = 2^{x+1} \ (x = 0)$

(4) $f(x) = \log_e x \ (x = 3)$
(5) $f(x) = \log_{10} x \ (x = 2)$
(6) $f(x) = \log_3 x^2 \ (x = 2)$

章末問題 **97**

CHAPTER 14 微分法 II

> **POINT 14-1 接線の方程式**
> ① 曲線 $y = f(x)$ 上の点 A (a,b) における**接線の傾き**は $f'(a)$
> ② 接線の方程式は，$\boldsymbol{y - b = f'(a)(x - a)}$，すなわち $y = f'(a)(x - a) + b$

解説 接線とは，「曲線とある 1 点で接する直線」のことである．したがって，接線の方程式を求めたければ，直線の傾きと切片を求める必要がある．

例として，曲線 $y = x^2 + 1$ 上の点 A(a,b)（**接点**という）における接線の方程式を考えてみよう．接線の傾きは，$x = a$ から $x = a + h$ における変化の割合において h を無限に小さくした極限のことだから，

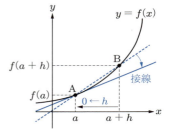

$$\lim_{h \to 0} \frac{\Delta y}{\Delta x} = \lim_{h \to 0} \frac{\{(a+h)^2 + 1\} - (a^2 + 1)}{h} = 2a$$

となる．これは，$f(x) = x^2 + 1$ としたときの $f'(2)$ に相当する．

このことを踏まえれば，接線の方程式は次の手順で得られる．

 i) 接点 A の座標 $(a,b) = (a, f(a))$ を求める．
 ii) 接線の傾き $f'(a)$ を求める．
 iii) 原点を通る直線 $y = f'(a)x$ を平行移動して，点 A(a,b) を通るようにすればよいから，x を $x - a$，y を $y - b$ に置き換えた式 $y - b = f'(a)(x - a)$ が接線の方程式になる（平行移動については **7-4** 参照）．

基本例題 14-1

曲線 $y = 2x^2$ について，$x = 1$ における接線の方程式を求めよ．

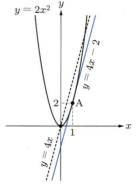

解答 i) $f(x) = 2x^2$ と置くと，接点 A の座標は $(1, f(2)) = (1, 2)$
 ii) $f'(x) = 4x$ だから，接線の傾きは $f'(1) = 4$
 iii) 傾き 4 の直線の方程式は $y = 4x$．このグラフを，A$(1,2)$ を通るように平行移動すればよい．x を $x-1$，y を $y-2$ に置き換えて，

$$(y - 2) = 4(x - 1) \rightarrow y = 4x - 2 \quad \text{答}$$

演習問題 1401

曲線 $y = -3x^2$ について，次の x 座標における接線の方程式を求めよ．

 (1) $x = -2$　　(2) $x = 0$　　(3) $x = 2$

POINT 14-2 曲線の増減と増減表

連続な関数 $y = f(x)$ の増減は，微分係数によって判断できる．
① $f'(x) > 0$ である区間では，$f(x)$ は単調に増加する．
② $f'(x) = 0$ である区間では，$f(x)$ はその近くの範囲での最大または最小をとりうる．
③ $f'(x) < 0$ である区間では，$f(x)$ は単調に減少する．

解説 連続な関数とは，グラフが途切れずにつながっていることを意味する．前節で見たように，関数 $y = f(x)$ において $x = a$ での接線の傾きは $f'(a)$ で計算できる．$y = f(x)$ のグラフが右上がり（増加）のときは，接線の傾きがプラスになるから，$y' = f'(a) > 0$ である．同様に，グラフが $x = b$ で右下がり（減少）のときは $y' = f'(b) < 0$ である．このことを利用すれば，y' の符号によってグラフの増減を判断できる．

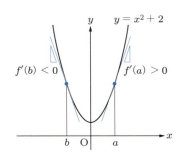

関数 $y = x^2 + 2$ を考えると，$f'(x) = 2x$ だから，
▶ $x < 0$ の範囲では $f'(x) < 0$
▶ $x > 0$ の範囲では $f'(x) > 0$

となる．このときの x, y', y の増減についてまとめると，

x	$\cdots$	0	$\cdots$
y'	$-$	0	$+$
y	↘	2	↗

右表のようになる．この表と $y = x^2 + 2$ のグラフを見比べれば，$x = 0$ を境にしてグラフが減少から増加に転じていることがわかる．このようなグラフの増減についてまとめた表を，**増減表**という．

以下に示す手順で増減表を作ることで，さまざまな関数のグラフの概形を描くことができる（→ 14-3）．なお，$f(x) = \tan x$ は $x = \dfrac{\pi}{2}$ などで不連続となるので，別の方法が必要である（本書では割愛する）．

【増減表の作り方（$y = x^2 + 2$ の場合）】
ⅰ) 3行の表を作り，一番左の列に x, y', y（または $x, f'(x), f(x)$）と記入する．
ⅱ) $f'(x) = 0$ の解 $x = 0$ を境にして，それより小さい範囲と大きい範囲に表を分割する．
ⅲ) y' の行に，1行目の x の範囲に対応する $f'(x)$ の符号 $+$, $-$ または 0 を記入する．
y の行には，y' が $+$ のときは ↗，y' が $-$ のときは ↘ を記入し，$y' = 0$ のときは $y = x^2 + 2$ に $x = 0$ を代入した値を記入する．

演習問題 1402

次の二次関数について，右の増減表を完成させよ．
(1) $y = x^2 - 2x + 5$
(2) $y = -x^2 + 4x - 7$

x	$\cdots$		$\cdots$
y'			
y			

POINT 14-3 高次関数のグラフ

連続な関数 $y = f(x)$ のグラフは，以下の手順で描くことができる．

ⅰ) 導関数 $f'(x)$ を求め，$f'(x) = 0$ となる x の値（$x_1, x_2, \ldots$）を求める．

ⅱ) $x_1, x_2, \ldots$ の値で区分けした増減表を作る．

ⅲ) **14-2** の方法で増減表を埋める．

ⅳ) 増減表の x, y の値や $\nearrow, \searrow$ に従ってグラフを描く．このとき，増減表とは別に，y 切片（$x = 0$ のときの y の座標）を求めておく．

解説 上記の手順を理解するために，$y = x^3 - 12x$ のグラフを描いてみる．

ⅰ) $f(x) = x^3 - 12x$ だから，導関数は $f'(x) = 3x^2 - 12$ となる．$f'(x) = 0$ とすると $3x^2 - 12 = 0$ であり，これを解くと $x = \pm 2$ が得られる．

ⅱ) $f'(x) = 0$ の解は 2 つなので，$x_1 = -2, x_2 = +2$ で区分けした増減表を作る．このとき，2 つの解は左から小さい順に並べる．

x	$\cdots$	-2	$\cdots$	2	$\cdots$
y'					
y					

ⅲ) 増減表を埋めていく順番に特別な決まりはないが，ここでは y' の行を埋めてから y の行を埋めてみる．

y' の行には $0, +, -$ のいずれかが入るが，$x = \pm 2$ の場合は $f'(x) = 0$ だから 0 をすぐに入れられる．$x < -2$ の範囲を考えるときは，たとえば $x = -3$ を代入すると $f'(-3) = +15$ となるから $+$ を記入する．$-2 < x < 2$ の範囲では，$x = 0$ を代入すると $f'(0) = -12$ となるから $-$ を記入する．同様に，$2 < x$ の範囲では $+$ を記入する．

	$(x < -2)$		$(-2 < x < 2)$		$(2 < x)$
x	$\cdots$	-2	$\cdots$	2	$\cdots$
y'	$+$	0	$-$	0	$+$
y					

y の行を埋めるときには，もとの式 $f(x) = x^3 - 12x$ を用いる．$x = -2$ のときは $f(-2) = 16$，$x = 2$ のときは $f(2) = -16$ になる．また，$x < -2, -2 < x < 2$，$2 < x$ の範囲については，$f'(x)$ の符号に従って $\nearrow, \searrow$ を記入すれば，増減表が完成する．

	$(x < -2)$		$(-2 < x < 2)$		$(2 < x)$
x	$\cdots$	-2	$\cdots$	2	$\cdots$
y'	$+$	0	$-$	0	$+$
y	$\nearrow$	16	$\searrow$	-16	$\nearrow$

100 第 14 章 微分法Ⅱ

iv) 完成した増減表をもとにグラフを描くと，右図のようになる．描く順番としては，まず $y'=0$ となる点 $(x,y)=(-2,16)$ と $(2,-16)$ をプロットしてから，y の増減の矢印と合うように概形を描けばよい．このとき，y 切片は簡単に求められるので（今回の例では $x=0$ で $y=f(0)=0$），その位置を通るように曲線を描く．

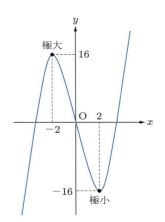

完成したグラフを見ると，$(x,y)=(-2,16)$ の位置はその近くで最大となっている．このような増加から減少に移る点を，**極大** とよぶ．同様に，$(x,y)=(2,-16)$ のように減少から増加に移る点を，**極小** とよぶ．極大または極小のときの y の値をそれぞれ **極大値**，**極小値** といい，両方を合わせて **極値** とよぶ．

なお，極大・極小の位置では $y'=0$ となるが，その逆は必ずしも成り立たない．したがって，$y'=0$ であっても極大・極小にならない場合があることを覚えておこう（→ **1408**）．

基本例題 14-3

$y=-2x^3-3x^2+12x-4$ のグラフを描け．

解答 グラフを描くときには，事前に増減表を作成する．
$y'=-6x^2-6x+12$ であるから，$y'=0$ とすると，

$$-6x^2-6x+12=0 \to x=1,-2$$

増減表を作ると以下のようになる．

x	$\cdots$	-2	$\cdots$	1	$\cdots$
y'	$-$	0	$+$	0	$-$
y	↘	-24	↗	3	↘

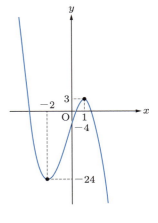

また，y 切片は $(x,y)=(0,-4)$ となる．
この増減表および y 切片に従ってグラフを描くと，右図が得られる．

演習問題 1403

次の関数のグラフを描け．

(1) $y=x^3-3x-4$ (2) $y=x^3-6x^2+9x+3$
(3) $y=-x^3+3x$ (4) $y=(x-1)^2(x+2)$

POINT

14-4　合成関数の微分法

① 関数の中に関数を組み込んだものを**合成関数**という．言い換えれば，$y = f(u)$ の u の中に $u = g(x)$ を代入した，$y = f(g(x))$ と表される関数である．

② $y = f(u), u = g(x)$ と表現できる合成関数の導関数は，$\dfrac{dy}{dx} = \dfrac{dy}{du} \cdot \dfrac{du}{dx}$

解説　① これまで見てきた各種の関数で，x の部分がさらに関数になっている場合がある．そのような関数を合成関数といい，$y = f(g(x))$ のように書く．

合成関数を扱うときには，その合成関数がどのような 2 つの関数の組み合わせであるかを正しく把握しないといけない．そのため，

$$y = f(g(x)) \Leftrightarrow y = f(u),\ u = g(x)$$

のように合成関数を分解した具体例を，下表に示す．これらは合成関数の考え方を身につけるうえで重要な例であるから，よく理解しておこう．

	合成関数		分解した 2 つの関数
例 1	$y = \sin(x^2)$	$\Leftrightarrow$	$y = \sin u, u = x^2$
例 2	$y = \sin^2 x = (\sin x)^2$	$\Leftrightarrow$	$y = u^2, u = \sin x$
例 3	$y = \cos 2x$	$\Leftrightarrow$	$y = \cos u, u = 2x$
例 4	$y = e^{2x+3}$	$\Leftrightarrow$	$y = e^u, u = 2x + 3$
例 5	$y = (e^x)^2$	$\Leftrightarrow$	$y = u^2, u = e^x$
例 6	$y = (e^x)^2 = e^{2x}$	$\Leftrightarrow$	$y = e^u, u = 2x$

表に挙げた中で間違いやすいのは，例 2 である．$\sin^2 x = (\sin x)^2$ だから，$\blacksquare^2$ の形であることに注意しよう．また，例 5 と例 6 は同じ $y = (e^x)^2$ という関数であるが，指数法則（→ **11-1**）を用いて変形することで，2 通りの分解方法が考えられる．

② **13-3** で，y の導関数を $\dfrac{dy}{dx}$ とも表記することを述べた．合成関数を微分するときは，この表記（ライプニッツ表記という）が便利である．

いま，$y = \sin(x^2)$ を x で微分して，$\dfrac{dy}{dx}$ を求めることを考える．

上の例 1 より，$y = \sin(x^2)$ は合成関数であり，$y = \sin u \cdots$ ①，$u = x^2 \cdots$ ② と分解できる．このとき，式①は左辺が y，右辺が u の式になっているから，両辺を u で微分した式は

$$\frac{dy}{du} = \cos u \quad \cdots \text{①}'$$

となる．また，式②は左辺が u，右辺が x の式になっているから，両辺を x で微分した式は

102　第 14 章　微分法 II

$$\frac{du}{dx} = 2x \quad \cdots ②'$$

となる．いま求めたいのは $\dfrac{dy}{dx}$ であり，$\dfrac{dy}{dx} = \dfrac{dy}{du} \cdot \dfrac{du}{dx}$ という関係が成立するので，①′ および②′を用いて，

$$\frac{dy}{dx} = \frac{dy}{du} \cdot \frac{du}{dx} = (\cos u) \cdot 2x = 2x \cdot \cos\left(x^2\right)$$

と得られる．つまり，合成関数の導関数は，合成関数の組み合わせを正しく把握し，分解した2つの関数を微分したものを掛け合わることで得られる．

基本例題 14-4

次の関数を x で微分せよ．

(1) $y = \sin^3 x$ \qquad (2) $y = e^{4x^2}$

解答 (1) $y = (\sin x)^3$ であるから，$y = u^3, u = \sin x$ と分解して合成関数の微分法を用いる．分解したそれぞれの関数を微分すれば，

$$\frac{dy}{du} = 3u^2, \quad \frac{du}{dx} = \cos x$$
$$\therefore \frac{dy}{dx} = \frac{dy}{du} \cdot \frac{du}{dx} = 3u^2 \cdot \cos x = 3\left(\sin x\right)^2 \cdot \cos x \ \left(= 3\sin^2 x \cdot \cos x\right) \quad \boxed{答}$$

(2) $y = e^u, u = 4x^2$ と分解して合成関数の微分法を用いる．分解したそれぞれの関数を微分すれば，

$$\frac{dy}{du} = e^u, \quad \frac{du}{dx} = 8x$$
$$\therefore \frac{dy}{dx} = \frac{dy}{du} \cdot \frac{du}{dx} = e^u \cdot 8x = 8xe^{4x^2} \quad \boxed{答}$$

演習問題 1404

(1) 次の2つの関数の合成関数 y を x の式で表せ．

① $y = \sin u, \quad u = x^3$ \qquad ② $y = \cos u, \quad u = 3x$ \qquad ③ $y = \log_e u, \quad u = 3x$

(2) 次の合成関数 y を2つの関数 $y = f(u), u = g(x)$ に分解せよ．

① $y = \sin\left(x^2\right)$ \qquad ② $y = \cos 2x$ \qquad ③ $y = \log_e\left(2x + 3\right)$

(3) 次の合成関数の導関数 $\dfrac{dy}{dx}$ を求めよ．

① $y = \sin\left(x^2\right)$ \qquad ② $y = \cos^3 x$ \qquad ③ $y = \tan 3x$

④ $y = \log_e 3x \ (x > 0)$ \qquad ⑤ $y = \left(\log_e x\right)^3$ \qquad ⑥ $y = e^{2x}$

POINT

14-5 積・商の微分法

微分可能な 2 つの関数 $f(x), g(x)$ が，積あるいは商の形で 1 つの関数となっているとき，

▶ **積の微分法** $\{f(x) \cdot g(x)\}' = f'(x) \cdot g(x) + f(x) \cdot g'(x)$

▶ **商の微分法** $\left\{\dfrac{f(x)}{g(x)}\right\}' = \dfrac{f'(x) \cdot g(x) - f(x) \cdot g'(x)}{\{g(x)\}^2}$

解説 関数 $y = x^3 \cdot \sin x$ のように積の形になっている関数を微分するときは，積の微分法を用いる．積の微分法は，以下のように定義から導くことができる．

$$\{f(x) \cdot g(x)\}' = \lim_{h \to 0} \frac{f(x+h) \cdot g(x+h) - f(x) \cdot g(x)}{h}$$

$$= \lim_{h \to 0} \frac{f(x+h) \cdot g(x+h) - f(x) \cdot g(x+h) + f(x) \cdot g(x+h) - f(x) \cdot g(x)}{h}$$

$$= \lim_{h \to 0} \frac{\{f(x+h) - f(x)\} \cdot g(x+h)}{h} + \lim_{h \to 0} \frac{f(x) \cdot \{g(x+h) - g(x)\}}{h}$$

$$= f'(x) \cdot g(x) + f(x) \cdot g'(x)$$

また，関数 $y = \dfrac{x^3}{\sin x}$ のように商の形になっている関数の微分法も，定義から

$$\left\{\frac{f(x)}{g(x)}\right\}' = \lim_{h \to 0} \frac{\dfrac{f(x+h)}{g(x+h)} - \dfrac{f(x)}{g(x)}}{h} = \lim_{h \to 0} \frac{f(x+h)g(x) - f(x)g(x+h)}{h \cdot g(x+h) \cdot g(x)}$$

となるので，この分子を積の微分法のときと同様に変形すると，上記の公式が得られる．

上記の f や g を使った形が覚えにくい場合は，次のような表現で積と商の微分法を覚える方法もあるので，参考にしてほしい．

▶ **積の微分法** $(前 \cdot 後)' = 前' \cdot 後 + 前 \cdot 後'$ ▶ **商の微分法** $\left(\dfrac{上}{下}\right)' = \dfrac{上' \cdot 下 - 上 \cdot 下'}{下^2}$

基本例題 14-5

次の関数を x で微分せよ．

(1) $y = x^3 \cdot \sin x$ (2) $y = \dfrac{x^3}{\sin x}$

解答 (1) $y' = (x^3)' \cdot \sin x + x^3 \cdot (\sin x)' = 3x^2 \sin x + x^3 \cos x$ **答**

(2) $y' = \dfrac{(x^3)' \cdot \sin x - x^3 \cdot (\sin x)'}{(\sin x)^2} = \dfrac{3x^2 \sin x - x^3 \cos x}{\sin^2 x}$ **答**

✎ 演習問題 1405

次の関数を x で微分せよ．

(1) $y = (x^2 + 1) \cdot \sin x$ (2) $y = \cos x \cdot \sin x$ (3) $y = x \cdot e^x$

(4) $y = \dfrac{\sin x}{x}$ (5) $y = \dfrac{1 - \sin x}{1 + \cos x}$ (6) $y = \dfrac{x}{e^x}$

104 第 14 章 微分法 II

>>>>>>>>>>>>>>>> **CHAPTER 14** 章末問題 <<<<<<<<<<<<<<<<

1406 次の曲線について, ( )内の x 座標における接線の方程式を求めよ.

   (1) $y = x^2 - 3x + 1 \ (x = 1)$ (2) $y = -2x^2 + 5x + 1 \ (x = 0)$

   (3) $y = x^3 + x^2 + x + 1 \ (x = -1)$ (4) $y = 5x - x^3 \ (x = 2)$

1407 曲線 $y = 2x^2 - x - 1$ について, 次のものを求めよ.

   (1) x 軸との交点における接線の傾き

   (2) 傾きが 5 である接線の方程式と, その接点の座標

   (3) x 軸と平行になる接線の方程式

1408 次の関数の極値を求め, グラフを描け.

   (1) $y = x^3 - 3x^2$ (2) $y = -x^3 + 3x + 1$

   (3) $y = x^3 - 12x + 6$ (4) $y = x^2(x - 3) + 1$

1409 次の関数について, ( )内に示した定義域における最大値・最小値を求めよ.

   (1) $y = x^3 - 12x \ (-3 \leqq x \leqq 3)$ (2) $y = x^3 - 6x^2 + 9x \ (-1 \leqq x \leqq 3)$

1410 次の関数を微分せよ.

   (1) $y = \sin(x^5)$ (2) $y = \cos \dfrac{x}{3}$ (3) $y = \tan(3x^2)$

   (4) $y = \sin^2 x$ (5) $y = \dfrac{1}{\cos x}$ (6) $y = \tan^3 x$

   (7) $y = e^{3x^2 - x}$ (8) $y = \dfrac{1}{e^x}$ (9) $y = (e^x)^5$

   (10) $y = \log_e(x^2 + 2)$ (11) $y = \log_e \sqrt{x}$ (12) $y = \log_{10}(3x + 1)$

1411 商の微分法を用いて, 次の関数を微分せよ.

   (1) $y = \dfrac{\sin x}{\cos x}$ (2) $y = \dfrac{1}{x^3}$ (3) $y = \dfrac{x^2 - x + 1}{x}$

1412 関数 $y = x \cdot \cos x - \cos x \ (0 \leqq x \leqq 2\pi)$ について, 次の問いに答えよ.

   (1) 関数 y を x で微分せよ.

   (2) この関数について, 増減表を完成させよ.

   (3) この関数の最大値および最小値を求めよ.

1413 関数 $y = \dfrac{\log_e x}{x^2} \ (x > 0)$ の最大値を求めよ.

14

微分法 Ⅱ

章末問題 **105**

CHAPTER 15 積分法 I

POINT 15-1 不定積分と積分定数

① $F(x)$ を微分したら $f(x)$ になるとき，すなわち $F'(x) = f(x)$ であるとき，

$$\int f(x)\,dx = F(x) + C$$

と表す．この右辺を $f(x)$ の**不定積分**（あるいは**原始関数**），C を**積分定数**とよぶ．

② x^n の不定積分 $\quad \displaystyle\int x^n\,dx = \frac{1}{n+1}x^{n+1} + C \quad$ （n は 0 または正の整数）

③ a,b を定数とするとき，x の関数 $f(x), g(x)$ に関して次式が成立する．

$$\int \{a \cdot f(x) + b \cdot g(x)\}\,dx = a\int f(x)\,dx + b\int g(x)\,dx$$

解説 ① x^2 を微分すると $2x$ になるとき，「x^2 の導関数は $2x$ である」と表現することを第13章で学んだ．これに対し，「$2x$ の不定積分（原始関数）の 1 つは x^2 である」と表現する．ここで，わざわざ「1 つは」と書いたのは，微分して $2x$ になる関数としては $x^2 + 5$ や $x^2 + 30$ なども当てはまるからである．すなわち，$2x$ の不定積分は $x^2 + C$ の形をしたすべての関数ということになる．C は必ず定数であり，積分定数とよばれる．

このときの不定積分を求める操作を $\displaystyle\int \blacksquare\,dx$ という記号で表す．たとえば $\displaystyle\int 2x\,dx$ と記述すると，「$2x$ の不定積分を求める」という意味になる．

② たとえば $n = 4$ および $n = 0$ のとき，整式 x^n の不定積分の公式より

$$\int x^4 dx = \frac{1}{5}x^5 + C, \quad \int x^0 dx \left(= \int 1dx = \int dx\right) = \frac{1}{0+1}x^{0+1} + C = x + C$$

となる．「整式を積分するときは，**指数を 1 つ増やして，その逆数を前に掛ける**」と覚えよう．なお，$n = 0$ を当てはめた式の中で 1 が省略されているが，これは $1a = a$ と表記するのと同じだと考えればよい．

③ 微分法により，$(\text{右辺})' = \left\{a\displaystyle\int f(x)dx + b\int g(x)dx\right\}' = a\left\{\int f(x)dx\right\}' + b\left\{\displaystyle\int g(x)dx\right\}' = a \cdot f(x) + b \cdot g(x) = (\text{左辺})'$ となるから，③が成り立つ．

演習問題 1501

次の不定積分を求めよ．積分定数は C とする．

(1) $\displaystyle\int x^3\,dx$ (2) $\displaystyle\int 3x^2\,dx$ (3) $\displaystyle\int (x+1)(x-1)\,dx$ (4) $\displaystyle\int (x^3 + x^2 + x - 3)\,dx$

POINT

15-2 定積分

① $F'(x) = f(x)$ であるとき，$\displaystyle\int_p^q f(x)\,dx = \left[F(x)\right]_p^q = F(q) - F(p)$

② a, b を定数とするとき，x の関数 $f(x), g(x)$ に関して次式が成立する．

$$\int_p^q \{a \cdot f(x) + b \cdot g(x)\}\,dx = a\int_p^q f(x)\,dx + b\int_p^q g(x)\,dx$$

解説　① 関数 $f(x)$ の不定積分を $F(x)$ とするとき，$F(x)$ に p および q を代入したものの差，すなわち $F(q) - F(p)$ を「$f(x)$ の p から q までの**定積分**」といい，$\displaystyle\int_p^q f(x)\,dx$ と書く．また，この過程における $F(q) - F(p)$ を $\left[F(x)\right]_p^q$ のように記述する．

たとえば，$f(x) = x^2$ について 2 から 5 までの定積分を求める場合は，$f(x) = x^2$ の原始関数が $F(x) = \dfrac{1}{3}x^3 + C$ であることを踏まえて，

$$\int_2^5 x^2\,dx = \left[\frac{1}{3}x^3 + C\right]_2^5 = \left(\frac{1}{3} \times 5^3 + C\right) - \left(\frac{1}{3} \times 2^3 + C\right)$$

と書く．この式を見ればわかるように，定積分において積分定数 C は最後に消えてしまうので，普通は最初から C を省略して，次のように記述することが多い．

$$\int_2^5 x^2\,dx = \left[\frac{1}{3}x^3\right]_2^5 = \left(\frac{1}{3} \times 5^3\right) - \left(\frac{1}{3} \times 2^3\right)$$

基本例題 15-2

$\displaystyle\int_{-1}^2 \left(3x^2 + 2x + 5\right)\,dx$ を求めよ．

解答　多項式の定積分を計算する場合，POINT ②にあるような分割をする方法（**解法1**）と，（ ）内の式の原始関数をまとめて求める方法（**解法2**）がある．

解法1　（与式）$= 3\displaystyle\int_{-1}^2 x^2\,dx + 2\int_{-1}^2 x\,dx + 5\int_{-1}^2 dx = 3\left[\dfrac{1}{3}x^3\right]_{-1}^2 + 2\left[\dfrac{1}{2}x^2\right]_{-1}^2 + 5[x]_{-1}^2$

$\qquad = 3 \times \left\{\dfrac{8}{3} - \left(-\dfrac{1}{3}\right)\right\} + 2 \times \left(\dfrac{4}{2} - \dfrac{1}{2}\right) + 5 \times (2 - (-1)) = 27$ **【答】**

解法2　（与式）$= \left[x^3 + x^2 + 5x\right]_{-1}^2$

$\qquad = \left(2^3 + 2^2 + 5 \times 2\right) - \left\{(-1)^3 + (-1)^2 + 5 \times (-1)\right\} = 22 - (-5) = 27$ **【答】**

✎ 演習問題 1502

次の定積分を求めよ．

(1) $\displaystyle\int_2^4 x^3\,dx$ 　(2) $\displaystyle\int_{-2}^2 3x^2\,dx$ 　(3) $\displaystyle\int_3^6 (x+1)(x-1)\,dx$ 　(4) $\displaystyle\int_0^1 (x^3 + x^2 + x - 3)\,dx$

15-2 定積分　**107**

POINT 15-3 グラフに囲まれた面積

以下の各図について，面積 S は次の定積分で計算できる．

① $S = \int_a^b f(x)\,dx$

② $S = -\int_a^b f(x)\,dx$

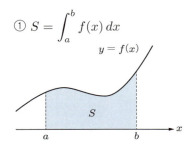
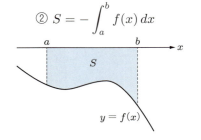

解説　関数 $f(x)$ の $x = a$ における微分係数 $f'(a)$ は，$y = f(x)$ のグラフの $x = a$ における接線の傾きであった（→ **14-1**）．一方，定積分はグラフで囲まれた面積になる．

面積の値がマイナスになることはないが，定積分で得られる値はマイナスになる場合もある．定積分の正負は，$y = f(x)$ のグラフが x 軸より上にあるか下にあるかによって決まる．これが POINT の①と②で符号が異なる理由である．このことを次の例題で見てみよう．

基本例題 15-3

右図は $y = x^3$ のグラフである．次の値を求めよ．
(1) $1 \leqq x \leqq 2$ の範囲と x 軸で囲まれた面積 S_1
(2) $-2 \leqq x \leqq -1$ の範囲と x 軸で囲まれた面積 S_2

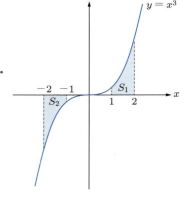

解答　(1) $S_1 = \int_1^2 x^3\,dx = \left[\dfrac{1}{4}x^4\right]_1^2 = \dfrac{15}{4}$　**答**

(2) $S_2 = -\int_{-2}^{-1} x^3\,dx = -\left[\dfrac{1}{4}x^4\right]_{-2}^{-1} = \dfrac{15}{4}$　**答**

S_2 を求めるときに $\int_{-2}^{-1} x^3\,dx$ を計算すると $-\dfrac{15}{4}$ となる．これが上記で述べた「$y = f(x)$ のグラフが x 軸より下にある場合に定積分の値がマイナスになる」ということである．面積は正の値でなければならないから，このような場合には定積分の符号を反転する必要がある．

演習問題 1503

次の曲線・直線のグラフを描け．また，それらと x 軸とで囲まれた面積 S を求めよ．
(1) $y = 2x - 1$, $x = 3$, $x = 5$　　(2) $y = 2x - 1$, $x = -4$, $x = 0$
(3) $y = x^2$, $x = -4$, $x = -1$　　(4) $y = -x^2$, $x = -4$, $x = -1$

POINT

15-4　実数乗の積分

① $\sqrt[3]{x}$ や $\dfrac{1}{x^2}$ のような関数は，指数法則を用いて x^p の形に変形して積分するとよい.

② p が -1 以外の実数のとき，$\displaystyle\int x^p\,dx = \dfrac{1}{p+1}x^{p+1} + C$ （C は積分定数）

③ $p = -1$ のとき，$\displaystyle\int x^{-1}\,dx = \int \dfrac{1}{x}\,dx = \log_e |x| + C$ （C は積分定数）

④ 定積分の場合は，整式のとき（→ **15-2**）と同様に数値を代入して差を求める.

解説　① x の累乗根や x^n の逆数を積分するときは，事前に指数法則を用いて x^p の形に変形してから行うとよい. 指数法則を用いるとは，$\sqrt[3]{x} = x^{\frac{1}{3}}$ や $\dfrac{1}{x^2} = x^{-2}$ のように変形することであり，**11-1** および **11-2** の公式を適切に使いこなせないといけない.

　② x^p の形に変形できれば，**15-1** と同様にして積分できる. これも「実数乗を積分するときは，**指数を 1 つ増やして，その逆数を前に掛ける**」と覚えておけばよい.

　③ x^p で $p = -1$ のとき，すなわち $x^{-1} = \dfrac{1}{x}$ の場合は，指数を 1 つ増やすと 0 になり逆数が得られない. そこで，$(\log_e x)' = \dfrac{1}{x}$ $(x > 0)$ であることと，積分法が微分法の逆演算であることを思い出せば，$\displaystyle\int \dfrac{1}{x}\,dx = \log_e |x| + C$ となる. ここで絶対値の記号がつくのには理由があるが，対数の真数条件（→ **12-1**）からと考えておけばよい.

基本例題 15-4

(1) $\displaystyle\int \sqrt{x}\,dx$ を求めよ. 　　(2) $\displaystyle\int_1^2 \dfrac{1}{x^2}\,dx$ を求めよ.

解答　(1) $\sqrt{x} = \sqrt[2]{x} = x^{\frac{1}{2}}$ であるから，

$$\int \sqrt{x}\,dx = \int x^{\frac{1}{2}}\,dx = \dfrac{2}{3}x^{\frac{3}{2}} + C \left(= \dfrac{2}{3}x\sqrt{x} + C\right) \quad \text{答}$$

(2) $\displaystyle\int_1^2 \dfrac{1}{x^2}\,dx = \int_1^2 x^{-2}\,dx = \left[\dfrac{1}{-1}x^{-1}\right]_1^2 = \left[-\dfrac{1}{x}\right]_1^2$

$\qquad = \left(-\dfrac{1}{2}\right) - (-1) = \dfrac{1}{2}$ 　答

演習問題 1504

次の不定積分または定積分を求めよ. 積分定数は C とする.

(1) $\displaystyle\int \sqrt[3]{x}\,dx$ 　　(2) $\displaystyle\int \dfrac{1}{\sqrt{x}}\,dx$ 　　(3) $\displaystyle\int_1^4 \sqrt{x}\,dx$ 　　(4) $\displaystyle\int_{0.2}^{0.5} \dfrac{1}{x^3}\,dx$ 　　(5) $\displaystyle\int_1^e \dfrac{1}{x}\,dx$

15-5 三角関数と指数関数の積分法

① 三角関数の不定積分（C は積分定数）

▶ $\int \sin x \, dx = -\cos x + C$　　▶ $\int \cos x \, dx = \sin x + C$

▶ $\int \dfrac{1}{\cos^2 x} \, dx = \tan x + C$

② 指数関数の不定積分（C は積分定数）

▶ $\int e^x \, dx = e^x + C$　　▶ $\int a^x \, dx = \dfrac{a^x}{\log_e a} + C$

③ 定積分の場合は，整式の場合（→ 15-2）と同様に，数値を代入して差を求める．

解説 ① 13-6 で学んだ三角関数の微分法を思い出せば，その逆演算として上記の積分公式が得られる．$\sin x, \cos x$ の積分公式は，右図のように，微分するときの動きと逆向きになると覚えればよい（ただし，積分定数が省略されているので，不定積分の場合は注意すること）．

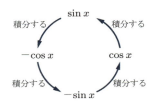

② 第1式は，13-7 で学んだ指数関数の微分法 $(e^x)' = e^x$ から明らかである．第2式は，$(a^x)' = a^x \cdot \log_e a$ について両辺を定数 $\log_e a$ で割れば，

$$\dfrac{(a^x)'}{\log_e a} = a^x \quad \text{すなわち} \quad \left(\dfrac{a^x}{\log_e a}\right)' = a^x$$

となるので，a^x の不定積分として $\dfrac{a^x}{\log_e a} + C$ が得られる．

基本例題 15-5

次の定積分を求めよ．

(1) $\displaystyle\int_0^{\frac{\pi}{2}} \sin x \, dx$　　(2) $\displaystyle\int_1^2 3^x \, dx$

解答 (1) $\displaystyle\int_0^{\frac{\pi}{2}} \sin x \, dx = [-\cos x]_0^{\frac{\pi}{2}} = \left(-\cos \dfrac{\pi}{2}\right) - (-\cos 0) = (-0) - (-1) = 1$　**答**

(2) $\displaystyle\int_1^2 3^x \, dx = \left[\dfrac{3^x}{\log_e 3}\right]_1^2 = \left(\dfrac{3^2}{\log_e 3}\right) - \left(\dfrac{3^1}{\log_e 3}\right) = \dfrac{6}{\log_e 3}$　**答**

演習問題 1505

次の不定積分または定積分を求めよ．積分定数は C とする．

(1) $\displaystyle\int \cos x \, dx$　　(2) $\displaystyle\int \dfrac{1}{\cos^2 x} \, dx$　　(3) $\displaystyle\int e^x \, dx$　　(4) $\displaystyle\int 5^x \, dx$

(5) $\displaystyle\int_{\frac{\pi}{3}}^{\frac{\pi}{2}} \cos x \, dx$　　(6) $\displaystyle\int_0^{\frac{\pi}{4}} \dfrac{1}{\cos^2 x} \, dx$　　(7) $\displaystyle\int_0^3 e^x \, dx$　　(8) $\displaystyle\int_2^3 5^x \, dx$

CHAPTER 15 章末問題

1506 次の不定積分を求めよ．積分定数は C とする．

(1) $\int x^4\, dx$ (2) $\int 4x^3\, dx$ (3) $\int \dfrac{x^2}{2}\, dx$ (4) $\int 10x\, dx$

(5) $\int 250\, dx$ (6) $\int (3x^2+2x+1)\, dx$ (7) $\int (x-1)^2\, dx$ (8) $\int (x+2)(x-1)\, dx$

1507 $f(x)$ の導関数が $f'(x) = -3x^2+2x-1$ である．このとき次の問いに答えよ．

(1) $f'(x)$ の不定積分を求めよ．積分定数は C とする．

(2) $f(0)=5$ であるとき，積分定数 C を決定せよ．

1508 次の定積分を求めよ．

(1) $\int_{-1}^{2} x^4\, dx$ (2) $\int_{0}^{2} 2x^3\, dx$ (3) $\int_{-2}^{1} (3x^2+2x+1)\, dx$

(4) $\int_{-2}^{2} (x+5)(x-5)\, dx$ (5) $\int_{0}^{6} \left(\dfrac{x^2}{3}+\dfrac{5}{6}\right) dx$ (6) $\int_{-6}^{0} (x-2)(x+3)\, dx$

1509 次の曲線・直線のグラフを描け．また，それらと x 軸に囲まれた面積 S を求めよ．

(1) $y=\dfrac{1}{3}x+1,\ x=3,\ x=6$ (2) $y=\dfrac{1}{2}x^2,\ x=2,\ x=4$

(3) $y=-x+2,\ x=3,\ x=5$ (4) $y=-3x^2,\ x=-3,\ x=-1$

1510 次の不定積分または定積分を求めよ．積分定数は C とする．

(1) $\int \sqrt[4]{x}\, dx$ (2) $\int \dfrac{1}{x^2}\, dx$ (3) $\int \dfrac{1}{\sqrt[3]{x}}\, dx$ (4) $\int_{1}^{27} \sqrt[3]{x^2}\, dx$ (5) $\int_{0.5}^{1} \dfrac{1}{x^2}\, dx$

(6) $\int_{1}^{2e} \dfrac{3}{x}\, dx$

1511 次の不定積分または定積分を求めよ．積分定数は C とする．

(1) $\int 2\sin x\, dx$ (2) $\int \dfrac{3}{\cos^2 x}\, dx$ (3) $\int 5e^x\, dx$ (4) $\int 2^{x+1}\, dx$

(5) $\int_{0}^{\frac{\pi}{3}} \sin x\, dx$ (6) $\int_{\frac{\pi}{6}}^{\frac{\pi}{2}} \cos x\, dx$ (7) $\int_{1}^{2} e^x\, dx$ (8) $\int_{1}^{2} 3^x\, dx$

1512 右図は，$y=x^3-3x$ のグラフの概形である．次の問いに答えよ．

(1) 図中の α, β は，グラフと x 軸の交点である．α, β の値を求めよ．

(2) グラフと x 軸に囲まれた領域のうち，図の面積 S を求めよ．

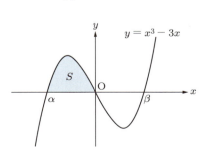

CHAPTER 16 積分法 II

POINT

16-1 置換積分法による不定積分

第 15 章で述べた各式の x の部分がさらに関数 $g(x)$ になっている場合には，次の**置換積分法**を用いる.

① $g(x)$ を適当な文字 t などに置き換える（置換する）.

② 置き換えた文字を x で微分したもの（$\dfrac{dt}{dx}$ など）を求める.

③ dx を，置き換えた文字の微分（dt など）に変換する.

④ 置き換えた文字を x の式に戻す.

解説 $\displaystyle\int \sin 2x\, dx$ は，一見すると $\displaystyle\int \sin x\, dx$ と似ているが，$\sin$ の中が $2x$ という x の関数なので公式をそのまま当てはめることはできない. そこで，次の手順で置換積分法を行う.

① $t = 2x$ と置くと，$\displaystyle\int \sin 2x\, dx = \int \sin t\, dx$.

② t を x で微分すると，$\dfrac{dt}{dx} = 2$ であるから，$dx = \dfrac{1}{2}dt$.

③ ①の式の dx を $\dfrac{1}{2}dt$ に置き換えると，$\displaystyle\int \sin t\, dx = \int (\sin t) \cdot \dfrac{1}{2}dt = \dfrac{1}{2}\int \sin t\, dt$.

ここで，$\displaystyle\int \sin t\, dt = -\cos t + C$ となるので，$\dfrac{1}{2}\displaystyle\int \sin t\, dt = -\dfrac{1}{2}\cos t + \dfrac{1}{2}C$.

④ t をもとに戻して，$-\dfrac{1}{2}\cos 2x + \dfrac{1}{2}C$ が得られる（$-\dfrac{1}{2}\cos 2t + C$ とするのが一般的）.

この置換積分法では，混乱しやすい事項がいくつかある. 以下の点に注意すること.

▶不定積分の各公式が使える条件は，「$\displaystyle\int \sin x\, dx = -\cos x + C$」「$\displaystyle\int \sin t\, dt = -\cos t + C$」のように，公式中の文字が d の後ろの文字と**完全に一致するときだけ**である. 置換積分法は，これが異なっているときに文字を一致させて公式を適用する方法である.

▶②で $\dfrac{dt}{dx}$ を分数のように扱っているが，厳密には「導関数」と「微分」の定義を理解している必要がある（詳細は微積分学の文献を参照してほしい）. ここでは，分数計算のようなイメージで行えばよいことを知っておこう.

▶積分定数というのは「よくわからない定数」であり，定数倍しても「よくわからない定数」のままである. そのため，普通は④のように，係数をつけずに $+C$ と表す.

✎ 演習問題 1601

次の不定積分を求めよ. 積分定数は C とする.

(1) $\displaystyle\int \cos \dfrac{x}{3}\, dx$ 　(2) $\displaystyle\int \dfrac{1}{\cos^2 2x}\, dx$ 　(3) $\displaystyle\int e^{2x}\, dx$ 　(4) $\displaystyle\int \sin(4x + \pi)\, dx$

POINT

16-2 置換積分法による定積分

置換積分法を用いて定積分を求める場合には，**16-1** の手順に加えて，積分区間の変換を行う．

$$\int_a^b f(x)dx = \int_\alpha^\beta f(g(t))g'(t)dt. \quad \text{ただし,} \ x = g(t), \ g(\alpha) = a, \ g(\beta) = b.$$

解説 定積分 $I = \displaystyle\int_0^{\frac{\pi}{4}} \sin 2x \, dx$ を求めてみよう．前節と同様に置換積分法を適用することになるが，定積分の場合は「積分区間がどの変数に対応しているか」に注意する必要がある．まず，I の式を厳密に書くと，

$$I = \int_{x=0}^{x=\frac{\pi}{4}} \sin 2x \, dx$$

となり，0 と $\dfrac{\pi}{4}$ はいずれも変数 x に対応している値である．したがって，置換積分法で変数を変換する場合は，この積分区間も変換する．この例では，

① $t = 2x$ と置くと，$I = \displaystyle\int_{x=0}^{x=\frac{\pi}{4}} \sin 2x \, dx = \int_{x=0}^{x=\frac{\pi}{4}} \sin t \, dx.$

② $\dfrac{dt}{dx} = 2$ であるから，$dx = \dfrac{1}{2}dt.$ よって，$I = \displaystyle\int_{x=0}^{x=\frac{\pi}{4}} \sin t \cdot \dfrac{1}{2} \, dt.$

③ 積分区間は $t = 2x$ より，$x = 0$ のとき $t = 0$，$x = \dfrac{\pi}{4}$ のとき $t = \dfrac{\pi}{2}$ となる．積分変数，積分区間ともに変数が t でそろったので，次のように定積分を計算できる．

$$I = \frac{1}{2} \int_{t=0}^{t=\frac{\pi}{2}} \sin t \, dt = \frac{1}{2}\Big[-\cos t\Big]_0^{\frac{\pi}{2}} = \frac{1}{2}\left\{\left(-\cos\frac{\pi}{2}\right) - (-\cos 0)\right\} = \frac{1}{2}$$

基本例題 16-2

$I = \displaystyle\int_1^2 3^{2x} \, dx$ を計算せよ．

解答 $t = 2x$ と置くと，$\dfrac{dt}{dx} = 2.$ よって $dx = \dfrac{1}{2}dt.$

$t = 2x$ だから，$x = 1 \to 2$ のとき，$t = 2 \to 4$ $^{(注)}$．

$$I = \int_{t=2}^{t=4} 3^t \cdot \frac{1}{2} \, dt = \frac{1}{2}\left[\frac{3^t}{\log_e 3}\right]_2^4 = \frac{1}{2}\left(\frac{3^4}{\log_e 3} - \frac{3^2}{\log_e 3}\right)$$
$$= \frac{36}{\log_e 3} \quad \text{（答）}$$

x	$1 \to 2$
t	$2 \to 4$

(注) の1文を書く代わりに，このような表にしてもよい．

演習問題 1602

次の定積分を求めよ．

(1) $\displaystyle\int_0^\pi \cos\frac{x}{3} \, dx$ (2) $\displaystyle\int_0^{\frac{\pi}{8}} \frac{1}{\cos^2 2x} \, dx$ (3) $\displaystyle\int_1^2 e^{2x} \, dx$ (4) $\displaystyle\int_{\frac{\pi}{4}}^{\frac{\pi}{2}} \sin(4x+\pi) \, dx$

POINT

16-3 部分積分法による不定積分

2つの関数の積で表されている式は，一方を $f(x)$，他方を $g'(x)$ と考えることで次のように積分できる．この方法を**部分積分法**という．

$$\int f(x) \cdot g'(x)\, dx = f(x) \cdot g(x) - \int f'(x) \cdot g(x)\, dx$$

解説　14-5 で扱った積の微分法 $\{f(x) \cdot g(x)\}' = f'(x) \cdot g(x) + f(x) \cdot g'(x)$ を変形すると，次式が得られる．

$$f(x) \cdot g'(x) = \{f(x) \cdot g(x)\}' - f'(x) \cdot g(x)$$

この等式について，両辺の不定積分から得られる原始関数も等しいから，

$$\int f(x) \cdot g'(x)\, dx = \int \left[\{f(x) \cdot g(x)\}' - f'(x) \cdot g(x) \right]\, dx$$

$$= \int \{f(x) \cdot g(x)\}'\, dx - \int f'(x) \cdot g(x)\, dx$$

ここで，右辺第 1 項は $f(x) \cdot g(x)$ を「微分して積分する」ということだから，もとの $f(x) \cdot g(x)$ に戻る．したがって，

$$\int f(x) \cdot g'(x)\, dx = f(x) \cdot g(x) - \int f'(x) \cdot g(x)\, dx$$

部分積分法は，この式を公式のように扱おうとすると混乱しやすい．そこで，次の例題で示す手順を身につけることをおすすめする．

基本例題 16-3

$I = \displaystyle\int x \cdot \sin x\, dx$ を求めよ．

・・

解答　部分積分法のポイントは，$f(x)$ と $g'(x)$ の組み合わせを見つけることである．そのためには右のような表 1 を作ってあらかじめ f と g' を埋めたうえで，空欄の f' と g を記入する．

枠内の記入が終わったら，$fg - \displaystyle\int f'g\, dx$ を立式する．このとき，表 2 の矢印の順番を視覚的に覚えておくとよい．

$$I = x \cdot (-\cos x) - \int 1 \cdot (-\cos x)\, dx$$

$$= -x \cdot \cos x + \int \cos x\, dx = -x \cos x + \sin x + C \quad \boxed{\text{答}}$$

表 1

$f = x$	$g =$
$f' =$	$g' = \sin x$

表 2

$f = x$	→	$g = -\cos x$
$f' = 1$	↗	$g' = \sin x$

✎ 演習問題 1603

次の不定積分を（　）内のように見て，部分積分法で求めよ．

(1) $\displaystyle\int x \cdot \cos x\, dx \quad (f = x,\ g' = \cos x)$　　　(2) $\displaystyle\int x \cdot e^x\, dx \quad (f = x,\ g' = e^x)$

(3) $\displaystyle\int x \cdot \log_e x\, dx \quad (f = \log_e x,\ g' = x)$

POINT 16-4 部分積分法による定積分

部分積分法を用いて定積分を求める方法には，次の2つがある.

① 部分積分法で得られた不定積分に値を代入して求める方法

② 以下のように，部分積分法の過程で積分区間を当てはめて，定積分を計算する方法

$$\int_a^b f(x) \cdot g'(x)\,dx = [f(x) \cdot g(x)]_a^b - \int_a^b f'(x) \cdot g(x)\,dx$$

解説 定積分 $I = \displaystyle\int_0^{\frac{\pi}{2}} x \cdot \sin x\,dx$ を求めることを考える．①の方法では，基本例題 **16-3** より不定積分が

$$\int x \cdot \sin x\,dx = -x \cdot \cos x + \sin x + C$$

となるから，

$$I = \left[-x \cdot \cos x + \sin x\right]_0^{\frac{\pi}{2}} = \left(-\frac{\pi}{2} \cdot \cos\frac{\pi}{2} + \sin\frac{\pi}{2}\right) - (-0 \cdot \cos 0 + \sin 0)$$

$$= (0 + 1) - (0 + 0) = 1$$

と計算できる．②の方法については，以下の例題で見てみよう.

基本例題 16-4

$I = \displaystyle\int_0^{\frac{\pi}{2}} x \cdot \sin x\,dx$ を求めよ.

解答 部分積分法で定積分を計算する場合も，$f(x)$ と $g'(x)$ の組み合わせを見つける．基本例題 **16-3** と同様に表を作って，$fg - \displaystyle\int f'g\,dx$ を立式すればよいが，そのときに定積分を計算する.

$$I = \left[x \cdot (-\cos x)\right]_0^{\frac{\pi}{2}} - \int_0^{\frac{\pi}{2}} 1 \cdot (-\cos x)\,dx$$

$f = x$	$\rightarrow$	$g = -\cos x$
$f' = 1$	$\nearrow$	$g' = \sin x$

$$= \left\{\left(-\frac{\pi}{2}\cos\frac{\pi}{2}\right) - 0\right\} + \int_0^{\frac{\pi}{2}} \cos x\,dx$$

$$= (0 - 0) + \left[\sin x\right]_0^{\frac{\pi}{2}} = \sin\frac{\pi}{2} - \sin 0 = 1 \quad \boxed{答}$$

※上記①と②のどちらの方法が計算しやすいかは一概に言えない．部分積分法に慣れるまでは①の方法を使って，「部分積分法の流れ」と「代入計算」を完全に分けて行ってもよい.

✎ 演習問題 1604

次の定積分を求めよ.

(1) $\displaystyle\int_0^{\pi} x \cdot \cos x\,dx$ 　　　(2) $\displaystyle\int_1^2 x \cdot e^x\,dx$ 　　　(3) $\displaystyle\int_1^3 x \cdot \log_e x\,dx$

POINT 16-5 定積分の公式

① 上端・下端の交換 $\int_a^b f(x)\,dx = -\int_b^a f(x)\,dx,\quad \int_a^a f(x)\,dx = 0$

② 積分区間の分割 $\int_a^b f(x)\,dx = \int_a^c f(x)\,dx + \int_c^b f(x)\,dx$

③ $y = f(x)$ のグラフが y 軸に関して対称であるとき，$f(x)$ を**偶関数**とよぶ．また，$y = g(x)$ のグラフが原点に関して対称であるとき，$g(x)$ を**奇関数**とよぶ．

④ 偶関数 $f(x)$，奇関数 $g(x)$ について以下が成り立つ．

▶ $\int_{-a}^{a} f(x)\,dx = 2\int_0^a f(x)\,dx$ ▶ $\int_{-a}^{a} g(x)\,dx = 0$

解説 ① $f(x)$ の原始関数を $F(x)$ とすると，$\int_a^b f(x)\,dx = F(b)-F(a) = -\{F(a)-F(b)\} = -\int_b^a f(x)\,dx$ が成立する．この式は a,b の大小にかかわらず成り立つ．また，$b=a$ とすると第2式が得られる．

② 定積分がグラフで囲まれた面積で表現できることを思い出せば，積分区間 $a \leqq x \leqq b$ の面積 S は，$a \leqq x \leqq c$ の面積 S_1 と，$c \leqq x \leqq b$ の面積 S_2 の合計に等しい（右図参照）．あるいは，公式の右辺に解説①と同様の変形を施して証明できる．

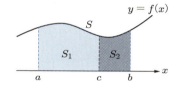

③ 任意の $x = a$ について $f(-a) = f(a)$ となる関数 $f(x)$ を偶関数といい，$g(-a) = -g(a)$ となる関数 $g(x)$ を奇関数という．偶関数 $y = f(x)$，奇関数 $y = g(x)$ をグラフで表すと，右図のようになる．

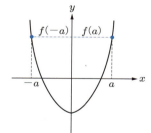
偶関数（y 軸に関して対称）

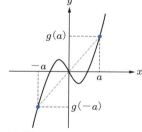
奇関数（原点に関して対称）

④ 偶関数のグラフの特徴より，$-a$ から a までの定積分の値は，0 から a までの定積分の2倍に等しくなる．一方，奇関数のグラフの形状と，「定積分では x 軸より下にある面積がマイナスになる」ことを考えると，$-a$ から a までの定積分は，y 軸の左側と右側の面積が打ち消し合って 0 になる．

演習問題 1605

次の定積分を求めよ．

(1) $\int_{-2}^{0} x^2\,dx + \int_0^2 x^2\,dx$ (2) $\int_1^2 (x^3 + 4x)\,dx + \int_2^1 (x^3 + 4x)\,dx$

(3) $\int_{10}^{10} (x+10)^{10}\,dx$ (4) $\int_{-2}^{2} 3x^2\,dx$ (5) $\int_{-2}^{2} x^3\,dx$

>>>>>>>>>>>>>>> **CHAPTER 16** 章末問題 <<<<<<<<<<<<<<<

1606 次の不定積分を求めよ．積分定数は C とする．

(1) $\displaystyle\int (x-1)^3\,dx$ (2) $\displaystyle\int (2x+1)^4\,dx$ (3) $\displaystyle\int \frac{1}{(x-3)^2}\,dx$ (4) $\displaystyle\int \sqrt{x-2}\,dx$

(5) $\displaystyle\int \sin\left(\frac{x}{2}\right) dx$ (6) $\displaystyle\int \cos(\pi-3x)\,dx$ (7) $\displaystyle\int e^{3x+1}\,dx$ (8) $\displaystyle\int 5^{2x-1}\,dx$

1607 $\displaystyle\int \tan x\,dx = -\log_e|\cos x| + C$ となることを，以下の手順に従って示せ．

(1) $t = \cos x$ とするとき，dx を $\sin x$ と dt で表せ．

(2) $\tan x = \dfrac{\sin x}{\cos x}$ であることを用いて，$\displaystyle\int \tan x\,dx$ を $t = \cos x$ と置換して t の積分に変換せよ．

(3) 変数変換した t に関する積分を計算せよ．

(4) t をもとに戻して，$\displaystyle\int \tan x\,dx = -\log_e|\cos x| + C$ が得られることを確認せよ．

1608 次の定積分を求めよ．

(1) $\displaystyle\int_0^1 (3x-1)^2\,dx$ (2) $\displaystyle\int_0^{\frac{\pi}{4}} \sin 2x\,dx$ (3) $\displaystyle\int_{-\pi}^{\pi} \cos\frac{x}{4}\,dx$ (4) $\displaystyle\int_1^2 e^{2x}\,dx$

1609 次の不定積分を部分積分法で求めよ．

(1) $\displaystyle\int 3x\cdot\sin x\,dx$ (2) $\displaystyle\int \frac{x}{5\cos^2 x}\,dx$ (3) $\displaystyle\int x\cdot 2^x\,dx$ (4) $\displaystyle\int x^2\cdot\log_e x\,dx$

1610 $\displaystyle\int \log_e x\,dx = x\cdot\log_e x - x + C$ となることを，以下の手順に従って示せ．

(1) $f(x) = \log_e x$, $g'(x) = 1$ として，部分積分法の式を導出せよ．

(2) 積分部分を計算して，$\displaystyle\int \log_e x\,dx = x\cdot\log_e x - x + C$ が得られることを確認せよ．

1611 部分積分法を 2 回用いることにより，次の不定積分を求めよ．

(1) $\displaystyle\int x^2\cdot\sin x\,dx$ (2) $\displaystyle\int x^2\cdot e^x\,dx$

1612 次の定積分を求めよ．

(1) $\displaystyle\int_3^3 (-2x^3 + 5x^2 - x + 7)\,dx$ (2) $-\displaystyle\int_{\pi}^{-\pi} \cos x\,dx$

(3) $\displaystyle\int_0^1 e^x\,dx + \int_1^2 e^x\,dx - \int_3^2 e^x\,dx - \int_4^3 e^x\,dx$

1613 次の問いに答えよ．

(1) $y = 3x^2$ は偶関数か奇関数かを判定せよ．また $\displaystyle\int_{-2}^2 3x^2\,dx$ を求めよ．

(2) $y = x^3$ は偶関数か奇関数かを判定せよ．また $\displaystyle\int_{-2}^2 x^3\,dx$ を求めよ．

CHAPTER 17 複素数

POINT 17-1 共役複素数

① $i^2 = -1$ となる数 i を，**虚数単位**（→ **6-4**）という．

② a, b を実数とするとき，$a + bi$ の形で表される数を**複素数**とよび，a を**実部**，b を**虚部**という．

③ 複素数について，次が成り立つ（複素数の相等）．

▶$a + bi = c + di$ のとき，$a = c$, $b = d$　▶$a + bi = 0$ のとき，$a = 0$, $b = 0$

④ 複素数 $z = a + bi$ に関して，$\overline{z} = a - bi$ を**共役複素数**という．

⑤ 複素数 α と β について，$\alpha\beta = 0$ ならば $\alpha = 0$ または $\beta = 0$．

解説　第 6 章で述べたとおり，2 乗して -1 になる数を i と表すが，この説明だけだと i は $\pm\sqrt{-1}$ ということになる．これに $\sqrt{}$ の定義「$x^2 = a$ の解の 1 つを $\sqrt{a}$ と定める」を合わせて，$i = \sqrt{-1}$ と表記できる．虚数単位 i を含んだ $z = a + bi$ を複素数とよび，とくに $a = 0$ のときの bi の形を**純虚数**とよぶ．また，虚部の符号を変化させた $\overline{z} = a - bi$ を，z の共役複素数とよぶ．共役複素数の関係にある z と $\overline{z}$ の和と積は，それぞれ実数になる．

▶**和**　$z + \overline{z} = (a + bi) + (a - bi) = 2a$

▶**積**　$z \cdot \overline{z} = (a + bi)(a - bi) = a^2 - (bi)^2 = a^2 - b^2 \times (-1) = a^2 + b^2$

共役複素数の積の性質を使うことで，分母に虚数単位を含んだ分数を有理化できる．

基本例題 17-1

(1) 複素数 $z = 3 + 2i$ に対し，$z + \overline{z}$ および $z \cdot \overline{z}$ を求めよ．

(2) 複素数 $z = \dfrac{10}{3 - i}$ について，分母を有理化せよ．

解答 (1) $\overline{z} = 3 - 2i$ だから，$z + \overline{z} = (3 + 2i) + (3 - 2i) = 6$　**答**

また，$z \cdot \overline{z} = (3 + 2i)(3 - 2i) = 3^2 - (2i)^2 = 9 - (4i^2) = 9 - (-4) = 13$　**答**

(2) $z = \dfrac{10}{3 - i} = \dfrac{10}{(3 - i)} \cdot \dfrac{(3 + i)}{(3 + i)} = \dfrac{10(3 + i)}{9 - i^2} = \dfrac{10(3 + i)}{10} = 3 + i$　**答**

✎ 演習問題 1701

(1) x, y は実数とする．次の方程式を解け．

① $2x + 5i = 8 - yi$　　② $x - 5 + 3i + yi = 0$　　③ $(x + y) + (2x - 3)i = 5 + 3i$

(2) 次の複素数 z の分母を有理化せよ．

① $z = \dfrac{10}{2 + i}$　　② $z = \dfrac{26}{3 - 2i}$　　③ $z = \dfrac{8 - 10i}{4i}$　　④ $z = \dfrac{5 - 2i}{3 + i}$

POINT

17-2　複素数の絶対値と共役複素数の性質

① 複素数 $z = a + bi$ に対し，$|z| = \sqrt{a^2 + b^2}$ を z の **絶対値** という.

② 複素数の絶対値の性質

▶ $|z| = 0$ ならば $z = 0$　　▶ $|z| = |-z| = |\bar{z}|$　　▶ $z \cdot \bar{z} = |z|^2$

③ α, β を複素数とするとき，以下の各式が成り立つ.

▶ $\overline{\alpha + \beta} = \bar{\alpha} + \bar{\beta}$　　▶ $\overline{\alpha - \beta} = \bar{\alpha} - \bar{\beta}$　　▶ $\overline{\alpha\beta} = \bar{\alpha} \cdot \bar{\beta}$　　▶ $\overline{\left(\dfrac{\beta}{\alpha}\right)} = \dfrac{\bar{\beta}}{\bar{\alpha}}$　　▶ $\overline{\bar{\alpha}} = \alpha$

解説　② $z = a + bi$（a, b は実数）とすると，各式は以下のように証明できる.

【第1式の証明】 $|z| = \sqrt{a^2 + b^2} = 0$ であるとき，$a^2 + b^2 = 0$.

実数 a, b でこの等式を満たすのは $a = b = 0$ であるから，$z = a + bi = 0$.

【第2式の証明】 $|-z| = |-a - bi| = \sqrt{(-a)^2 + (-b)^2} = \sqrt{a^2 + b^2}$, $|\bar{z}| = |a - bi| = \sqrt{a^2 + (-b)^2} = \sqrt{a^2 + b^2}$. したがって，$|z| = |-z| = |\bar{z}| = \sqrt{a^2 + b^2}$.

【第3式の証明】 $z \cdot \bar{z} = (a + bi)(a - bi) = a^2 - (bi)^2 = a^2 + b^2 = \left(\sqrt{a^2 + b^2}\right)^2 = |z|^2$.

③ 各式は，$\alpha = a + bi, \beta = c + di$ として計算すれば容易に証明できる. たとえば，第1式については

$$\alpha + \beta = (a + c) + (b + d)i \ \rightarrow \ \overline{\alpha + \beta} = (a + c) - (b + d)i$$

$$\bar{\alpha} + \bar{\beta} = (a - bi) + (c - di) = (a + c) - (b + d)i$$

より，$\overline{\alpha + \beta} = \bar{\alpha} + \bar{\beta}$ が得られる.

基本例題 17-2

複素数 $\alpha = 1 + 2i, \beta = 3 - i$ について，

(1) $\dfrac{\beta}{\alpha}$ の分母を有理化せよ.　　(2) $\dfrac{\bar{\beta}}{\bar{\alpha}}$ を求めよ.

....

解答 (1) $\dfrac{\beta}{\alpha} = \dfrac{3 - i}{1 + 2i} = \dfrac{(3 - i)(1 - 2i)}{(1 + 2i)(1 - 2i)} = \dfrac{3 - 6i - i + 2i^2}{1 - 4i^2} = \dfrac{1 - 7i}{5}$　**答**

(2) 直接計算すると，$\bar{\alpha} = 1 - 2i, \bar{\beta} = 3 + i$ より，

$$\dfrac{\bar{\beta}}{\bar{\alpha}} = \dfrac{3 + i}{1 - 2i} = \dfrac{(3 + i)(1 + 2i)}{(1 - 2i)(1 + 2i)} = \dfrac{3 + 6i + i + 2i^2}{1 - 4i^2} = \dfrac{1 + 7i}{5}$$　**答**

別解　共役複素数の性質および (1) で得られた $\dfrac{\beta}{\alpha}$ を用いて，$\dfrac{\bar{\beta}}{\bar{\alpha}} = \overline{\left(\dfrac{\beta}{\alpha}\right)} = \dfrac{1 + 7i}{5}$　**答**

✎ 演習問題 1702

(1) 次の複素数 z について，$|z|$ を求めよ.

　① $z = 3 - 4i$　　② $z = 5 + 12i$　　③ $z = -15 - 8i$　　④ $z = -6i$

(2) 複素数 $\alpha = 3 + i, \beta = 2 - 3i$ について，$\overline{\alpha - \beta}$，$\overline{\alpha\beta}$ を求めよ.

17-2　複素数の絶対値と共役複素数の性質　**119**

POINT 17-3 複素数平面

① 複素数 $z = a + bi$ を座標平面上の点 $P(a, b)$ で表すとき，この平面を**複素数平面**あるいは**ガウス平面**といい，横軸（x 軸）を**実軸**，縦軸（y 軸）を**虚軸**という．

② 複素数平面での座標の表記は，$P(a + bi)$ あるいは $P(z)$ と表す．

解説 複素数の実部を x 座標，虚部を y 座標として座標平面上に表すと，複素数の演算を視覚的に行うことができる．このときの座標系を複素数平面という．

以下の図（ア）は，$z_1 = 2 + 4i$, $z_2 = -3 + 3i$, $z_3 = 4$, $z_4 = -2i$ を複素数平面上に表したものである．z_3, z_4 を見れば明らかなように，実数 a は実軸上の点 $(a, 0)$, 純虚数 bi は虚軸上の点 $(0, b)$ で表される．

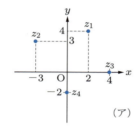
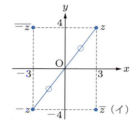

複素数平面上に，複素数 $z = 3 + 4i$ およびの $\bar{z}, -z, \overline{-z}$ を表す点を記入すると，

$$\bar{z} = 3 - 4i, \quad -z = -3 - 4i, \quad \overline{-z} = -3 + 4i$$

であるから，図（イ）のようになる（図中の ○ 印は，線分の長さが等しいことを示す）．複素数平面上の点について，次が成り立つ．

▶ 点 $\bar{z}$ と点 z は，実軸に関して対称
▶ 点 $\overline{-z}$ と点 z は，虚軸に関して対称
▶ 点 $-z$ と点 z は，原点に関して対称

基本例題 17-3

複素数 $z = 3 - 2i$ を複素数平面上に点 P として図示せよ．また，複素数平面上での線分 OP の長さ $|OP|$ を求め，$|z|$ と等しくなることを示せ．

解答 点 P は，右図のようになる．

図を参照すると，$|OP| = \sqrt{3^2 + 2^2} = \sqrt{13}$ となり，$|z| = \sqrt{3^2 + (-2)^2} = \sqrt{13}$ と等しくなる．

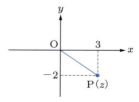

演習問題 1703

$z = 3 + 2i$ であるとき，次の複素数を表す点を，複素数平面上に示せ．

(1) $\bar{z}$　　(2) $-z$　　(3) $\overline{-z}$　　(4) $z + \bar{z}$　　(5) $z - \bar{z}$

POINT 17-4 複素数演算の表示

複素数 $\alpha = a + bi, \beta = c + di$ の和・差，および複素数 z の実数倍は，複素数平面上で以下のように扱える．

① 和は $\alpha + \beta = (a+c) + (b+d)i$ であるから，点 C $(\alpha + \beta)$ は線分 OA, OB を 2 辺とする平行四辺形の頂点になる．

② 差は $\alpha - \beta = \alpha + (-\beta)$ であるから，B と原点に関して対称な点 B′ を考えることにより，点 D $(\alpha - \beta)$ は線分 OA, OB′ を 2 辺とする平行四辺形の頂点になる．

③ k を実数，$z = a + bi$ とすると，$kz = ka + kbi$ であるから，複素数平面上で点 z の表す点を P，点 kz の表す点を Q とすると，

▶ $k > 0$ のとき，点 Q は直線 OP 上で原点からの距離 $|z|$ を k 倍に拡大または縮小した点になる．

▶ $k < 0$ のとき，点 Q は直線 OP 上の点で，原点 O に関して点 P と反対側にあり，原点からの距離 $|z|$ を $|k|$ 倍に拡大または縮小した点になる．

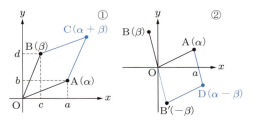
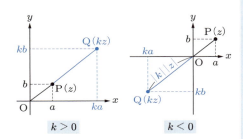

基本例題 17-4

$\alpha = -2 + i, \beta = 1 + 3i$ に対し，点 P$(\alpha + \beta)$，点 Q$(\alpha - \beta)$，および点 R(-2α) を複素数平面上にそれぞれ図示せよ．

解答 点 P, Q, R はそれぞれ以下のようになる．

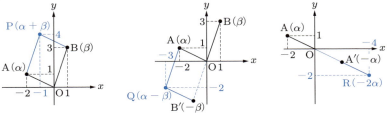

演習問題 1704

複素数 $\alpha = 1 + 2i, \beta = 3 - i$ があるとき，次の問いに答えよ．
(1) α を表す点 A と，β を表す点 B を，複素数平面上に表せ．
(2) 3α を表す点 C と，2β を表す点 D を，複素数平面上に表せ．
(3) $3\alpha - 2\beta$ を表す点 E を，複素数平面上に表せ．

17-5 極形式

① 複素数平面上で，0 でない複素数 $z = a + bi$ を表す点を P とし，$OP = r$，OP が実軸の正の部分となす角を θ とすると，

$$z = r(\cos\theta + i\sin\theta) \quad (r > 0)$$

と表すことができる．この式を複素数 z の **極形式** という．

② 極形式では，$r = |z| = \sqrt{a^2 + b^2}$ が成り立つ．r は複素数の絶対値に等しい．

③ θ は z の **偏角** といい，$\theta = \arg z$ と表す．θ について次式が成り立つ．

$$\cos\theta = \frac{a}{r}, \quad \sin\theta = \frac{b}{r}$$

解説 複素数平面上で複素数 $z = a + bi$ ($z \neq 0$) を表す点 P を考えると，OP と実軸との間に角度 θ ができる．OP の長さを r とすると，右図より次の関係式が成り立つ．

$$r = \sqrt{a^2 + b^2}, \quad \cos\theta = \frac{a}{r}, \quad \sin\theta = \frac{b}{r}$$

このときの θ を偏角といい，$\arg z$ と表す．θ と r を用いた複素数の表示形式を極形式という．複素数の積や商を計算するときは，この極形式が便利である．

基本例題 17-5

複素数 $z = \sqrt{3} - i$ について，絶対値 $|z|$ および偏角 θ ($0 \leq \theta < 360°$) をそれぞれ求め，さらに z を極形式で表せ．

解答 $a = \sqrt{3}, b = -1$ であるから，

$$|z| = \sqrt{a^2 + b^2} = \sqrt{(\sqrt{3})^2 + (-1)^2} = 2 \quad \boxed{答}$$

$\cos\theta = \dfrac{a}{r}, \sin\theta = \dfrac{b}{r}$ において $r = |z| = 2$．したがって

$$\cos\theta = \frac{\sqrt{3}}{2}, \quad \sin\theta = \frac{-1}{2} = -\frac{1}{2}$$

これらを満たすのは $\theta = 330°$ $\boxed{答}$

これらから，$z = 2(\cos 330° + i\sin 330°)$ $\boxed{答}$

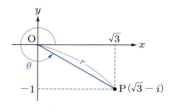

演習問題 1705

次の複素数の絶対値 $|z|$ および偏角 θ ($0 \leq \theta < 360°$) をそれぞれ求め，さらに z を極形式で表せ．

(1) $z = 1 - \sqrt{3}i$ (2) $z = -2 + 2i$ (3) $z = -2i$

17-6 複素数の乗法と回転

POINT

① $z_1 = r_1(\cos\theta_1 + i\sin\theta_1)$, $z_2 = r_2(\cos\theta_2 + i\sin\theta_2)$ とするとき，
$$z_1 z_2 = r_1 r_2 \{\cos(\theta_1 + \theta_2) + i\sin(\theta_1 + \theta_2)\} \quad \text{(積の極形式)}$$
となる．ここで，$|z_1 z_2| = |z_1||z_2|$, $\arg(z_1 z_2) = \arg z_1 + \arg z_2$ が成り立つ．

② 複素数平面上の点 P(z) について，z に $\cos\theta + i\sin\theta$ を掛けた積 z' は，点 P を原点 O の周りに θ だけ回転移動した点になる．また，z に $r(\cos\theta + i\sin\theta)$ を掛けた積 z'' は，θ だけ回転移動したうえで OP を r 倍に拡大（縮小）した点になる．

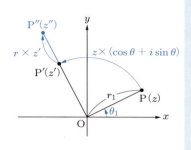

解説

① $z_1 \cdot z_2 = r_1(\cos\theta_1 + i\sin\theta_1) \cdot r_2(\cos\theta_2 + i\sin\theta_2)$
$= r_1 r_2 (\cos\theta_1 \cdot \cos\theta_2 + i\cos\theta_1 \cdot \sin\theta_2 + i\sin\theta_1 \cdot \cos\theta_2 + i^2 \sin\theta_1 \cdot \sin\theta_2)$
$= r_1 r_2 \{(\cos\theta_1 \cdot \cos\theta_2 - \sin\theta_1 \cdot \sin\theta_2) + i(\sin\theta_1 \cdot \cos\theta_2 + \cos\theta_1 \cdot \sin\theta_2)\}$

ここで，三角関数の加法定理（→ **10-3**）を適用すれば，積の極形式が得られる．

② 複素数平面上に $z = r_1(\cos\theta_1 + i\sin\theta_1)$ を表す点 P(z) を考える．いま，$z' = z \cdot (\cos\theta + i\sin\theta)$ の位置として点 P'(z') を考えると，
$$z' = r_1(\cos\theta_1 + i\sin\theta_1) \cdot (\cos\theta + i\sin\theta) = r_1\{\cos(\theta_1 + \theta) + i\sin(\theta_1 + \theta)\}$$
となるから，P' は原点を中心に P を θ だけ回転移動した点であることがわかる．また，$z'' = z \cdot r(\cos\theta + i\sin\theta)$ の位置として点 P''(z'') を考えると，
$$z'' = r \cdot r_1(\cos\theta_1 + i\sin\theta_1) \cdot (\cos\theta + i\sin\theta) = r \cdot r_1\{\cos(\theta_1 + \theta) + i\sin(\theta_1 + \theta)\}$$
となるから，P'' はさらに OP' を r 倍に拡大（縮小）した点を表している．

基本例題 17-6

$z_1 = 1 - i$, $z_2 = \sqrt{3} + i$ のとき，積 $z_1 z_2$ を極形式で求めよ．偏角 θ は $0 \leqq \theta < 360°$ とする．

解答

$|z_1| = \sqrt{1^2 + (-1)^2} = \sqrt{2}$, $\cos\theta_1 = \dfrac{1}{\sqrt{2}}$, $\sin\theta_1 = -\dfrac{1}{\sqrt{2}} \to \theta_1 = 315°$

$|z_2| = \sqrt{(\sqrt{3})^2 + 1^2} = 2$, $\cos\theta_2 = \dfrac{\sqrt{3}}{2}$, $\sin\theta_2 = \dfrac{1}{2} \to \theta_2 = 30°$

$z_1 z_2 = |z_1||z_2|\{\cos(\theta_1 + \theta_2) + i\sin(\theta_1 + \theta_2)\} = 2\sqrt{2}(\cos 345° + i\sin 345°)$ 【答】

演習問題 1706

次の z_1, z_2 について，積 $z_1 z_2$ を極形式で求めよ．偏角 θ は $0 \leqq \theta < 360°$ とする．

(1) $z_1 = -1 + i$, $z_2 = 2 - 2i$ (2) $z_1 = -\sqrt{3} - i$, $z_2 = 1 - \sqrt{3}i$

(3) $z_1 = 1 - i$, $z_2 = 3i$ (4) $z_1 = 3i$, $z_2 = \sqrt{2} + \sqrt{2}i$

POINT

17-7 ド・モアブルの定理

n を整数とするとき，次の式が成り立つ．

$$(\cos\theta + i\sin\theta)^n = \cos n\theta + i\sin n\theta \quad \textbf{（ド・モアブルの定理）}$$

解説 複素数の積の極形式（→ **17-6**）より，

$$(\cos\theta_1 + i\sin\theta_1)(\cos\theta_2 + i\sin\theta_2) = \cos(\theta_1 + \theta_2) + i\sin(\theta_1 + \theta_2)$$

がわかる．ここで $\theta_1 = \theta_2 = \theta$ とすると，

$$(\cos\theta + i\sin\theta)^2 = \cos 2\theta + i\sin 2\theta$$

が得られる．この両辺に $(\cos\theta + i\sin\theta)$ を掛けると，

$$(\cos\theta + i\sin\theta)^3 = (\cos 2\theta + i\sin 2\theta)(\cos\theta + i\sin\theta)$$

右辺を展開すると，

$$\cos 2\theta\cos\theta + i\cos 2\theta\sin\theta + i\sin 2\theta\cos\theta + i^2\sin 2\theta\sin\theta$$

$$= (\cos 2\theta\cos\theta - \sin 2\theta\sin\theta) + i(\sin 2\theta\cos\theta + \cos 2\theta\sin\theta)$$

$$= \cos(2\theta + \theta) + i\sin(2\theta + \theta)$$

したがって，$(\cos\theta + i\sin\theta)^3 = \cos 3\theta + i\sin 3\theta$ が得られる．同様に繰り返すと，整数 n に対して $(\cos\theta + i\sin\theta)^n = \cos n\theta + i\sin n\theta$ が成立することを証明できる[(注)]．

(注) このような「自然数 n に対する命題 X が，すべての自然数 n について成り立つことを証明する」必要がある場合には，**数学的帰納法**という証明法を用いる．数学的帰納法とは
① $n = 1$ のときに X が成立することを示す
② $n = k$ のときに X が成立すれば，$n = k+1$ のときも X が成り立つことを示す
ことにより，すべての自然数について X が成立するという証明法である（ド・モアブルの定理の証明は省略する）．

基本例題 17-7

$(1 + \sqrt{3}i)^6$ の値を求めよ．

....

解答 複素数の積（累乗を含む）を計算するときには，極形式で考えると便利である．$z = 1 + \sqrt{3}i$ を極形式で表すと，

$$r = |z| = \sqrt{1^2 + (\sqrt{3})^2} = 2 \quad \text{また，} \quad \cos\theta = \frac{1}{2},\ \sin\theta = \frac{\sqrt{3}}{2} \to \theta = 60°$$

であるから，$z = 2(\cos 60° + i\sin 60°)$．ド・モアブルの定理により，

$$z^6 = 2^6(\cos 60° + i\sin 60°)^6 = 64\{\cos(6\times 60°) + i\sin(6\times 60°)\} = 64(1 + 0) = 64 \quad \boxed{答}$$

✎ 演習問題 1707

次の値を求めよ．

(1) $(\cos 45° + i\sin 45°)^4$ 　　(2) $\{2(\cos 10° + i\sin 10°)\}^3$ 　　(3) $(\cos 30° + i\sin 30°)^3$

(4) $(1 - i)^{10}$ 　　(5) $(-\sqrt{3} - i)^4$ 　　(6) $\left(\dfrac{3 - \sqrt{3}i}{2}\right)^8$

>>>>>>>>>>>>>>>>> **CHAPTER 17** 章末問題 <<<<<<<<<<<<<<<

1708 x, y は実数とする．次の方程式を解け．

(1) $3x - 4i = 1 + 2yi$ (2) $2x - 1 + 10i + 2yi = 0$ (3) $(x - y) + 5yi = 3 - 10i$

(4) $(x + i) + (x - 2y - yi) = 0$ (5) $(x - y) + (x - 3)i = i$

1709 次の複素数 z の分母を有理化せよ．

(1) $z = \dfrac{1}{2 - i}$ (2) $z = \dfrac{2 - i}{3 + i}$ (3) $z = \dfrac{2i + 3}{5i - 1}$ (4) $z = \dfrac{1 - i}{2 + i}$ (5) $z = \dfrac{1 + i}{3 + 2i}$

1710 次の複素数 z について，$|z|$ を求めよ．

(1) $z = 5 - 2\sqrt{6}i$ (2) $z = -2 + \sqrt{5}i$ (3) $z = -4 - 3i$ (4) $z = 3i$

1711 複素数 $\alpha = -5 + 2i, \beta = 4 - 3i$ について，次の値を求めよ．

(1) $\overline{\alpha}$ (2) $\overline{\beta}$ (3) $\overline{\alpha + \beta}$ (4) $\overline{\alpha - \beta}$ (5) $\overline{\alpha\beta}$ (6) $\alpha\overline{\beta} + \overline{\alpha}\beta$

1712 複素数平面上に，次の点を図示せよ．

A$(1 + i)$ B$(1 - i)$ C(-2) D$(-3i)$ E$(1 + 2i)$ F$(-3 - 3i)$ G$(-2 + 2i)$

1713 $z = -2 + 3i$ であるとき，次の複素数を表す点を，複素数平面上に示せ．

(1) $\overline{z}$ (2) $-z$ (3) $\overline{-z}$ (4) $z + \overline{z}$ (5) $z - \overline{z}$

1714 複素数 $\alpha = 3 + i, \beta = 2 - 3i$ であるとき，次の複素数を表す点を図示せよ．

(1) $\alpha + \beta$ (2) $\alpha - \beta$ (3) 2α (4) $2\alpha + \beta$ (5) $-2\alpha + \beta$

1715 次の複素数を極形式で表せ．

(1) $1 + i$ (2) $1 - i$ (3) $-1 + \sqrt{3}i$ (4) $-5 - 5i$ (5) $2\sqrt{3} + 2i$

1716 複素数平面上の点 A$(2 - i)$ を原点のまわりに $135°$ だけ回転させた点を表す複素数を求めよ．

1717 複素数 α, β について，$\alpha = \sqrt{3} - 1$ である．このとき，

(1) α を極形式で表せ．偏角 θ は $0 \leqq \theta < 360°$ とする．

(2) 複素数平面上に点 B(β) があるとき，点 C$(\alpha\beta)$ は，点 B をどのように移動した点であるか．

1718 次の値を求めよ．

(1) $\{2(\cos 75° + i \sin 75°)\}^4$ (2) $(-\sqrt{3} + i)^6$ (3) $\left(\dfrac{1}{2} - \dfrac{\sqrt{3}}{2}i\right)^5$

1719 複素数平面上で，$\alpha = -3 + i, \beta = 2 - 3i$ を表す点を，それぞれ A, B とするとき，次の点を表す複素数を求めよ．

(1) 点 A を O のまわりに $30°$ 回転移動した点

(2) 点 B を O のまわりに $-60°$ だけ回転移動し，OB を 2 倍に拡大した点

章末問題 **125**

Answer

>>>>>>>>>>>>>>>>>>>>>>>
演習問題解答

第1章

101 (1) $125a^3$ (2) $9a^6$ (3) $8a^6$ (4) a^{10}
(5) $a^2b^4c^2$ (6) a^6b^6 (7) $48a^2$ (8) $-48a^2$

102 (1) $15x^7y^5$, 係数は $15y^2$, 次数は 7
(2) $-8x^2y$, 係数は $-8y$, 次数は 2
(3) $-2ab^2cx^2$, 係数は $-2ab^2c$, 次数は 2
(4) x^5, 係数は 1, 次数は 5

103 (1) $8x^3 - 3x^2 + 4x - 5$, 次数は 3
(2) $4x^2 - xy + y^3$, 次数は 2
(3) $-2ax^3 - 4bx^2y + cy^5$, 次数は 3
(4) $2xy^2 + 2y^3 - 6$, 次数は 1

104 (1) $5x - 8y$ (2) $-x + 2y$ (3) $13x - 20y$
(4) $-13x + 21y$

105 (1) $\dfrac{19x - 10}{6}$ (2) $\dfrac{-2x - 15}{12}$
(3) $\dfrac{-13x + 23}{20}$ (4) $\dfrac{3x + 32}{10}$

106 (1) 32 (2) -32 (3) $\dfrac{1}{3}$ (4) $\dfrac{3}{2}$ (5) $81a^4$
(6) $25a^6$ (7) $-a^3b^2$ (8) $-a^6b^3$ (9) $-a^3b^5$
(10) $2a^3b^6c^4$

107 $V = 36a^3$

108 (1) $-12x^5$, 係数は -12, 次数は 5
(2) $12abx^4$, 係数は $12ab$, 次数は 4
(3) $12abx^6$, 係数は $12ab$, 次数は 6

109 (1) $V_1 = 3a^2b$ (2) $V_2 = 18a^2b$

110 (1) $7x^3 + 5$, 次数は 3
(2) $-7x^2 + xy + 4y^3$, 次数は 2

111 $x^2 + 3xy + 2y^2 + xu + yu$

112 (1) $x - y$ (2) $9x - 5y$ (3) $-21x + 11y$
(4) $x - y$ (5) $x - y$

> **解説** (4) $2A + 3B - A - 2B = A + B$ と計算し
> てから $A = 5x - 3y$, $B = 2y - 4x$ を代入すると
> よい. (5) も同様.

113 $m = 13a + 14b$

114 (1) $\dfrac{13x + 17}{6}$ (2) $\dfrac{11x - 37}{10}$
(3) $\dfrac{-29x + 11}{12}$ (4) $\dfrac{14x - 7}{15}$

115 (1) $\dfrac{4}{3}$ (2) 25 (3) 2 (4) 3

第2章

201 (1) $2a^2 + 5ab + 3b^2$ (2) $2a^2 - 5a - 12$
(3) $2a^2 - 3ab + b^2$ (4) $x^2 - 4y^2$
(5) $2x^2 - xy - 3y^2$ (6) $x^2 + 2xy - 15y^2$
(7) $x^2 - xy - 2y^2 + x - 2y$
(8) $3x^2 - 5xy + 2y^2 + 15x - 10y$
(9) $-3x^2 - 7xy - 4y^2 + 15x + 20y$

202 (1) $x^2 + 6xy + 9y^2$ (2) $9x^2 + 24xy + 16y^2$
(3) $4x^2 + 4xy + y^2$ (4) $x^2 - 4xy + 4y^2$
(5) $16x^2 - 8xy + y^2$ (6) $4x^2 - 12xy + 9y^2$
(7) $x^2 - 9y^2$ (8) $4x^2 - y^2$ (9) $y^2 - x^2$
(10) $x^2 + 5x + 6$ (11) $x^2 - x - 20$
(12) $x^2 - 7x + 12$

203 (1) $x^2 + 4y^2 + 9z^2 + 4xy + 12yz + 6zx$
(2) $x^2 + y^2 + z^2 + 2xy - 2yz - 2zx$
(3) $4x^2 + 9y^2 + z^2 - 12xy - 6yz + 4zx$
(4) $x^3 + 9x^2y + 27xy^2 + 27y^3$
(5) $27x^3 + 27x^2y + 9xy^2 + y^3$
(6) $8x^3 + 36x^2y + 54xy^2 + 27y^3$
(7) $x^3 - 9x^2y + 27xy^2 - 27y^3$
(8) $27x^3 - 27x^2y + 9xy^2 - y^3$
(9) $8x^3 - 36x^2y + 54xy^2 - 27y^3$

204 (1) $4x^2 + 4xy + y^2 - 2x - y - 6$
(2) $9x^2 - 12xy + 4y^2 - 1$
(3) $2x^2 + 6xy + 4y^2 + 3x + 4y + 1$
(4) $x^2 - 10x + 25 - 5xy + 25y + 6y^2$
(5) $4x^2 + 20x + 25 - y^2$
(6) $x^2 - 2x + 1 - 9y^2$

205
(1) ① $3x + 2y$ ② $2a - b + 3c$
③ $\dfrac{x + 3y - 4z}{2}$

126

(2) ① $\dfrac{ab}{b^2+a^2}$　② $\dfrac{xy}{3y^2+5x^2}$　③ $\dfrac{abc}{2a^2b^2-3c^2}$

206　(1) $2a^2+5ab+2b^2$　(2) $3a^2+13a-10$
(3) $5a^2-17ab+6b^2$　(4) $x^2+2xy-8y^2$
(5) $3x^2+5xy-2y^2$　(6) $10x^2-9xy-9y^2$
(7) $x^2+xy+2x-3y-15$
(8) $3x^2-7xy+2y^2+12x-4y$
(9) $-6x^2-7xy+10y^2+18x-15y$

207　$a=3$
解説　$(x+5)(2x+a)=2x^2+(10+a)x+5a=$
$2x^2+13x+15$ となるから，$10+a=13, 5a=15$
となる a を求める．

208　(1) $x^2+10xy+25y^2$　(2) $25x^2+10xy+y^2$
(3) $9x^2+30xy+25y^2$　(4) $x^2-10xy+25y^2$
(5) $25x^2-10xy+y^2$　(6) $9x^2-30xy+25y^2$
(7) x^2-25y^2　(8) $49x^2-y^2$　(9) x^2-y^2
(10) $x^2+9x+20$　(11) x^2-x-30
(12) x^2-8x+7

209　a^2+b^2
解説　外側の正方形の面積は $(a+b)^2$，4 つの直角
三角形の面積はいずれも $\dfrac{1}{2}ab$ であるから，色のつ
いた面積は $(a+b)^2-4\times\dfrac{1}{2}ab$ となる．

210　(1) $9x^2+4y^2+z^2+12xy+4yz+6zx$
(2) $x^2+4y^2+9z^2+4xy-12yz-6zx$
(3) $x^2+4y^2+1-4xy-4y+2x$
(4) $x^3+15x^2y+75xy^2+125y^3$
(5) $64x^3+48x^2y+12xy^2+y^3$
(6) $27x^3+135x^2y+225xy^2+125y^3$
(7) $x^3-15x^2y+75xy^2-125y^3$
(8) $64x^3-48x^2y+12xy^2-y^3$
(9) $27x^3-135x^2y+225xy^2-125y^3$

211　(1) a^3+b^3　(2) a^3-b^3

212　(1) $x^2+4xy+4y^2-x-2y-6$
(2) $9x^2-6xy+y^2-1$
(3) $2x^2+9xy+12x+9y^2+24y+16$
(4) $x^2-6xy+5y^2-4x+12y+4$
(5) $9x^2+12x+4-y^2$
(6) $x^2-6x+9-4y^2$
解説　(1) $x+2y=A$ と置くと A^2-A-6

(2) $3x-y=A$ と置くと A^2-1
(3) $3y+4=A$ と置くと $2x^2+3xA+A^2$
(4) $-x+2=A$ と置くと $(A+5y)(A+y)=$
$A^2+6yA+5y^2$
(5) $3x+2=A$ と置くと $(A+y)(A-y)=$
A^2-y^2
(6) $x-3=A$ と置くと $(A+2y)(A-2y)=$
A^2-4y^2

213　(1) $3x+4y$　(2) $3a-b+5c$
(3) $\dfrac{x+3y-5z}{4}$

214　(1) $\dfrac{ab}{b^2-a^2}$　(2) $\dfrac{xy}{4x^2+2y^2}$
(3) $\dfrac{abc}{5b^2-2a^2c^2}$

第 3 章

301　(1) $x=2$　(2) $x=3$　(3) $x=\dfrac{10}{3}$
(4) $x=7$

302　(1) $x=4$　(2) $x=-2$　(3) $x=2$
(4) $x=\dfrac{4}{3}$　(5) $x=-1$　(6) $x=2$
(7) $x=6$　(8) $x=-1$　(9) $x=4$
(10) $x=-\dfrac{2}{3}$　(11) $x=6$　(12) $x=\dfrac{7}{12}$
(13) $x=\dfrac{2}{5}$　(14) $x=-2$　(15) $x=\dfrac{8}{3}$
(16) $x=-\dfrac{1}{12}$

解説　(15) 文字を含んだ式を逆数にできるのは，
分数の棒が 1 本になっている場合だけである（→
2-5）．この問題では $\dfrac{4}{x}+3=\dfrac{9}{2}$ の左辺を逆数にす
ることはできないので，$+3$ を移項して $\dfrac{4}{x}=\dfrac{3}{2}$ と
なった段階で両辺を逆数にする．(16) も同様．

303　(1) $(x,y)=(5,1)$　(2) $(x,y)=(1,1)$
(3) $(x,y)=(2,1)$　(4) $(x,y)=(4,-4)$
(5) $(x,y)=(-1,1)$　(6) $(x,y)=(3,-1)$

304　(1) ① $(x,y)=(4,-1)$　② $(x,y)=(3,4)$
③ $(x,y)=(2,1)$　④ $(x,y)=(5,-1)$
(2) ① $(x,y)=(4,6)$　② $(x,y)=(9,6)$
解説　(2) ① 両式に 2 を掛けて係数をすべて整数
にする．

演習問題解答　**127**

$$\begin{cases} x+2y=16 \\ 2x-y=2 \end{cases}$$

② 第 1 式に 3，第 2 式に 6 を掛ける．
$$\begin{cases} x-2y=-3 \\ 2x+9y=72 \end{cases}$$

305 (1) $x=-8$ (2) $x=-8$ (3) $x=-1$
(4) $x=6$ (5) $x=-2$ (6) $x=6$
(7) $x=-1$ (8) $x=-4$ (9) $x=2$

306 $a=-\dfrac{1}{2}$

解説 解が $x=3$ であるから，方程式に $x=3$ を代入すると式が成り立つ．すなわち，$6a-5=-17+9$．これを a について解く．

307 $x=280$

解説 文章から，「定価 x 円＋消費税 $=308$ 円」という式になることがわかる．消費税 10% の考え方は，「x の 10%」という言い方になるが，$10\%=0.1$ ということを知っていれば「x の 0.1 [倍]」と解釈すればよい．すなわち，$x+0.1x=308$．
[%] の扱いに苦手意識のある人は「% 表記を小数にして，後ろに [倍] をつける」と覚えておくとよい．

308 $x=38$

解説 文章をそのまま方程式にするのが厄介な場合は，文章を同じ意味になるように読み替えるとよい．「3 本の缶ジュースを x 人がもっている．さらに 6 本加えるとジュースは全部で 120 本である」．これを立式すれば，$3x+6=120$．

309 (1) $x=\dfrac{4}{3}$ (2) $x=\dfrac{9}{4}$ (3) $x=15$
(4) $x=8$ (5) $x=6$ (6) $x=-6$

310 $a=2$

解説 $x=5$ を方程式に代入して $\dfrac{25}{10}=\dfrac{5}{a}$．

311 $x=10$

解説 横の長さは $x+5$ [cm] だから，周囲の長さは $2x+2(x+5)$ [cm]．

312 $x=12$

解説 3 m と 25 cm のように単位が違っているので，単位をそろえて立式する．[cm] でそろえた場合，$\dfrac{300}{x}=25$ となる．

313 (1) $(x,y)=(7,-4)$ (2) $(x,y)=(3,2)$
(3) $(x,y)=(3,-5)$ (4) $(x,y)=(1,2)$
(5) $(x,y)=(3,-5)$ (6) $(x,y)=(2,6)$

314 $(a,b)=(1,-5)$

解説 $(x,y)=(2,1)$ が解であるから代入すると連立方程式が成立する．すなわち $(x,y)=(2,1)$ を代入した
$$\begin{cases} 2a+b=-3 \\ -6a+2b=-16 \end{cases}$$
を a,b について解けばよい．第 1 式を b について解いて代入法を使うか，第 2 式を 2 で割って加減法で解けばよい．

315 $(x,y)=(43,21)$

解説 文意から $x=2y+1$，また大きいほうは x だから，$x-y=22$．

316 高齢者 1300 人

解説 高齢者を x 人，非高齢者を y 人とすれば，$x+y=5200$，$x=\dfrac{1}{3}y$．これらを連立させて解く．

317 (1) $(x,y)=(2,-2)$ (2) $(x,y)=(-3,2)$
(3) $(x,y)=(4,5)$ (4) $(x,y)=(10,2)$
(5) $(x,y)=(3,5)$ (6) $(x,y)=(2,-3)$

318 $(a,b)=(2,5)$

解説 $(x,y)=(3,2)$ が解であるから代入すると連立方程式が成立する．すなわち $(x,y)=(3,2)$ を代入した
$$\begin{cases} 12a-2b=14 \\ -3a+2b=4 \end{cases}$$
を a,b について解けばよい．加減法で第 1 式と第 2 式を足せば $9a=18$ となり，$a=2$ となる．

319 電車 150 m，トンネル 2100 m

解説 電車がトンネルに入った状態 A と出た状態 B を図で表すと，下図のようになる．

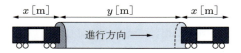

A から B になるまでに 150 秒かかっているから，その間に秒速 15 m で進んだ距離は，$15 \times 150 = 2250$ [m] となる．したがって $x+y=2250$（電車

の進んだ距離というのは，電車の先頭が進んだ距離で考える）．

次に電車内に座っている人が 140 秒間，秒速 15 m で進んだ距離は，$15 \times 140 = 2100$ [m] となる．下図を参照すれば，$y = 2100$ となる．

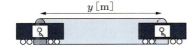

320 (1) $2a + 4b$ [g]　(2) $4a + 2b$ [g]
(3) $a = 1, b = 4$

解説 (1) 200 g の食塩水 A に含まれる食塩の量は，200 g の a [%] であるから，$200 \times \dfrac{a}{100} = 2a$. 同様に 400 g の食塩水 B に含まれる食塩の量は $4b$.
(3) 条件 ① で得られる食塩水 C は濃度 3% で 600 g であるから，C に含まれる食塩の量は $600 \times 0.03 = 18$. したがって $2a + 4b = 18$. 同様に食塩水 D については $4a + 2b = 12$.

第 4 章

401 (1) $11, 13, 17, 19$
(2) $165 = 3 \times 5 \times 11$, $210 = 2 \times 3 \times 5 \times 7$. 最大公約数は 15

解説 (2) 筆算は次のようになる．

素因数で割る
3) 165
5) 55
　　11

素因数で割る
2) 210
3) 105
5) 35
　　7

共通の素因数で割る
3) 165　210
5) 55　70
　　11　14

402 (1) $x(x+y)$　(2) $3x(2x+3y)$
(3) $5ab^2(3a - 5b)$　(4) $3a(x^2 + 2x + 3)$
(5) $9(9x^2 - 3x - 1)$　(6) $4y(3x^2 + 5xy - 6y^2)$

解説 共通因数は一度ですべてを見つける必要はなく，わかるものから徐々にくくっていけばよい．
(3) の場合は最初から $5ab^2$ でくくろうとしないで，
$$15a^2b^2 - 25ab^3$$
$$= 5(3a^2b^2 - 5ab^3)$$
$$= 5a(3ab^2 - 5b^3)$$
$$= 5ab^2(3a - 5b)$$
のように段階を踏んでいけばよい．

403 (1) $(x + 3y)^2$　(2) $(2x + 3)^2$　(3) $(5a + b)^2$
(4) $(x - 2y)^2$　(5) $(8x - 1)^2$　(6) $(a - 7b)^2$
(7) $(9x + 7y)(9x - 7y)$　(8) $(3x + 5)(3x - 5)$
(9) $(2a + 5b)(2a - 5b)$

404 (1) $(x + 2)(x + 4)$　(2) $(x - 5)(x + 3)$
(3) $(x - 2)(x - 5)$　(4) $(2x + 1)(3x + 2)$
(5) $(2x - 3)(2x - 5)$　(6) $(4x - 3)(3x - 1)$

405 (1) $(x^2 + 5)(x^2 + 1)$
(2) $(x^2 - 2)(x + 1)(x - 1)$
(3) $(x^2 + 2)(x^2 - 2)$
(4) $(x^2 + 9)(x + 3)(x - 3)$
(5) $(y + 1)(x + z)(x - z)z$
(6) $(x - 3)(x + 3y + 3)$
(7) $(x + 2)(y + 1)$
(8) $(x + y)(x - y)(x + z)$

解説 (5) 最低次数の文字 y で整理すると，$(x^2z - z^3)y + (x^2z - z^3)$. ここで $x^2z - z^3 = A$ と置くと，$Ay + A = A(y + 1) = (x^2z - z^3)(y + 1)$. ここからさらに $x^2z - z^3$ を因数分解する．
(8) 最低次数の文字 z で整理すると，$(x^2 - y^2)z + (x^3 - xy^2) = (x^2 - y^2)z + x(x^2 - y^2)$. ここで $x^2 - y^2 = A$ と置いて因数分解を進める．

406 (1) $23, 29$
(2) $121 = 11^2$, $169 = 13^2$, $289 = 17^2$

解説 (2) 121, 169, 289 は素数のように見えるが，そうではなく $11^2, 13^2, 17^2$ の数値であることを覚えておくと素数の判定に役立つ．

407 (1) $2^2 \times 3^2 \times 5$　(2) $2 \times 3^2 \times 7$
(3) $3 \times 5 \times 11$　(4) $2^2 \times 5^2 \times 13$
(5) $2^3 \times 3^3 \times 17$

408 $n = 15$

解説 60 を素因数分解すると $2 \times 2 \times 3 \times 5$ だから，$60n = 2^2 \times 3 \times 5 \times n$ となる．$n = 3 \times 5$ とすれば $60n = 2^2 \times 3^2 \times 5^2 = (2 \times 3 \times 5)^2$ となって 30 の 2 乗になる．

409 (1) $xy(x + y)$　(2) $5x(x + 3y)$
(3) $3ab(3a^2 - 4)$　(4) $2a(x^2 + 2bx + 4)$
(5) $3xy(3xy - 6x^2 + 2y^2)$
(6) $7(3x^3 - 5x^4y + 1)$

410 $n + (n + 1) + (n + 2) = 3n + 3 = 3(n + 1)$

である．任意の自然数 n に対して S の因数に 3 が含まれるから，S は 3 の倍数になる．

解説 ある数が 3 の倍数であることを示すためには，その数が $3 \times \blacksquare$ の形にできることを示せばよい．

411 (1) $(x+4y)^2$ (2) $(3x+2)^2$
(3) $(2a+3b)^2$ (4) $(x-5y)^2$
(5) $(6x-1)^2$ (6) $(7a-b)^2$
(7) $(6x+5y)(6x-5y)$
(8) $(7x+2y)(7x-2y)$
(9) $(4a+9b)(4a-9b)$

412 (1) $(x+3)(x+5)$ (2) $(x+5)(x+1)$
(3) $(x+2)(x+7)$ (4) $(x-2)(x-5)$
(5) $(x-3)(x-6)$ (6) $(x-2)(x-8)$
(7) $(x+5)(x-3)$ (8) $(x-7)(x+6)$
(9) $(x-7)(x+9)$

413 (1) $2(x+1)(2x+5)$
(2) $(3x+2)(x-3)$ (3) $(5x-1)(x+5)$
(4) $(2x-5)(3x-1)$ (5) $(2x+1)(4x-3)$
(6) $3(x-2)(3x-1)$

解説 (1) $4x^2+14x+10$ には共通因数 2 があるから，$2\left(2x^2+7x+5\right)$ と変形してから因数分解する．共通因数でくくらなくても，たすき掛けを行えば $(2x+5)(2x+2)$ と因数分解できるが，$2x+2$ には共通因数 2 があるので，くくることを忘れないようにする．(6) も同様．

414 (1) $\left(x^2+6\right)\left(x^2+3\right)$
(2) $(x+2)(x-2)(x+1)(x-1)$
(3) $\left(x^2+4\right)(x+2)(x-2)$
(4) $\left(x^2+5\right)\left(x^2-5\right)$ (5) $(x+y)(x-y)(z+1)$
(6) $(x+1)(x+4y+2)$ (7) $(y+2)(xy+x+1)$
(8) $(x+2)(y-3)$

解説 (5)〜(8) については解答 **405** の **解説** を参照．

415 (1) $m=n^3-n$ (2) $m=(n-1)n(n+1)$

解説 (2) $n^3-n=n\left(n^2-1\right)=n(n+1)(n-1)$ $=(n-1)n(n+1)$．この式は，たとえば $n=5$ とすれば，$4 \times 5 \times 6$ のように，n を中央とする連続した 3 つの整数の積になることを示している．

第 5 章

501 (1) ①無理数 ②有理数 ③有理数
④無理数 ⑤無理数
(2) ① 9 ② $\sqrt{15}$ ③ 2 ④ 2 ⑤ $\dfrac{1}{2}$

502 (1) $2\sqrt{2} < 3 < \sqrt{10}$
(2) ① $2\sqrt{7}$ ② $3\sqrt{6}$ ③ $2\sqrt{15}$ ④ $5\sqrt{6}$
⑤ $10\sqrt{2}$

解説 (1) 3 と $2\sqrt{2}$ と $\sqrt{10}$ のままでは大小関係を比較しにくいので，すべてを $\sqrt{\blacksquare}$ の形にしてみると，$3=\sqrt{9}, 2\sqrt{2}=\sqrt{4} \times \sqrt{2}=\sqrt{8}$ となる．$\sqrt{8} < \sqrt{9} < \sqrt{10}$ であることから大小関係が得られる．

503 (1) ① $3+4\sqrt{3}$ ② $4-2\sqrt{2}$ ③ $7-6\sqrt{3}$
(2) ① $\sqrt{6}+\sqrt{2}$ ② $4+\sqrt{6}$ ③ $3\sqrt{2}-\sqrt{15}$
④ $3\sqrt{5}-5$ ⑤ $8+2\sqrt{15}$ ⑥ $11-4\sqrt{6}$ ⑦ 3
⑧ $4-2\sqrt{3}$

504 (1) 0.577
(2) ① $\dfrac{3\sqrt{5}}{5}$ ② $\dfrac{3+2\sqrt{3}}{3}$ ③ $\dfrac{15-5\sqrt{2}}{7}$
④ $\dfrac{21+10\sqrt{5}}{59}$ ⑤ $4-\sqrt{15}$

505 (1) 8 (2) $\sqrt{14}$ (3) $\sqrt{5}$ (4) $3\sqrt{3}$ (5) $\dfrac{\sqrt{3}}{3}$

506 $\sqrt{29} > 2\sqrt{7} > 3\sqrt{3}$

解説 すべてを $\sqrt{\blacksquare}$ の形にすると，$2\sqrt{7}=\sqrt{4} \times \sqrt{7}=\sqrt{28}, 3\sqrt{3}=\sqrt{9} \times \sqrt{3}=\sqrt{27}$．

507 (1) $S_1=3+2\sqrt{2}$ (2) $2\sqrt{2}$ (3) $S_2=3$
(4) $c=\sqrt{3}$

解説 (1) $\left(1+\sqrt{2}\right)^2$ (2) 三角形 1 つの面積は $\sqrt{2} \times 1 \times \dfrac{1}{2}=\dfrac{\sqrt{2}}{2}$ である．(3) S_2 は大きな正方形の面積から三角形 4 つの面積を引く．(4) 面積 3 の正方形の 1 辺の長さを求める．

508 (1) $3\sqrt{2}$ (2) $2\sqrt{5}$ (3) $2\sqrt{10}$ (4) $3\sqrt{11}$
(5) $11\sqrt{2}$

509 (1) $2-\sqrt{2}$ (2) $2\sqrt{5}$ (3) $-3+10\sqrt{2}$

510 $a=2$

解説 $\sqrt{20} \times \sqrt{a+3}=\sqrt{2^2 \times 5 \times (a+3)}$ となるから，$a+3=5$ となれば $\sqrt{}$ がはずれて整数に

なる.

511 15 個

解説 $3 < \sqrt{a} < 5$ を $\sqrt{9} < \sqrt{a} < \sqrt{25}$ と考えると，$9 < a < 25$. これを満たす整数 a は，$a = 10$ 〜24 となる. 個数を数えるとき，$24 - 10 = 14$ ではない点に注意すること（実際に数えれば 15 個になることがわかる）.

512 (1) $\sqrt{10} + \sqrt{5}$ (2) $9 + \sqrt{6}$ (3) $2\sqrt{3} - 2\sqrt{5}$
(4) $4\sqrt{7} - 7$ (5) $8 + 4\sqrt{3}$ (6) $18 - 8\sqrt{5}$
(7) 2 (8) $9 - 4\sqrt{5}$

513 (1) 2.121 (2) 2.887 (3) -0.224
(4) -2.598

解説 与えられた式をそのまま小数で計算するよりも，分母を有理化してから計算するほうがよい.
(1) $\dfrac{3\sqrt{2}}{2}$ (2) $\dfrac{5\sqrt{3}}{3}$ (3) $-\dfrac{\sqrt{5}}{10}$ (4) $-\dfrac{3\sqrt{3}}{2}$

514 (1) $-6 + 3\sqrt{5}$ (2) $-\dfrac{3 + \sqrt{3}}{2}$ (3) $2\sqrt{2} - 2$
(4) $\dfrac{7 + 3\sqrt{6}}{5}$ (5) $\dfrac{\sqrt{7} + \sqrt{5}}{2}$

515 10 個

解説 $5 < \sqrt{n} < 6$ より $\sqrt{25} < \sqrt{n} < \sqrt{36}$ を満たせばよい. これを満たす整数 n は $n = 26$ 〜35. **511** と同じように考えれば 10 個になる.

516 (1) $27.272727\cdots$ (2) 27 (3) $\dfrac{3}{11}$

解説 この手続きを筆算で表せば, 次のようになる.

$$
\begin{array}{r}
100a = 27.272727\cdots \\
-)\quad a = \ 0.272727\cdots \\
\hline
99a = 27 \\
a = \dfrac{27}{99}
\end{array}
$$

第 6 章

601 (1) $x = \pm 2$ (2) $x = \pm\sqrt{2}$
(3) $x = \pm 3\sqrt{3}$ (4) $x = 0, 10$
(5) $x = -4, -10$ (6) $x = \dfrac{1}{2}, -\dfrac{3}{2}$

602 (1) $x = -\dfrac{5}{2}, \dfrac{1}{3}$ (2) $x = \dfrac{1}{5}, \dfrac{3}{2}$
(3) $x = 5, -\dfrac{3}{2}$ (4) $x = \dfrac{3}{2}, -\dfrac{10}{3}$
(5) $x = \dfrac{5}{2}, -3$ (6) $x = \dfrac{5}{6}, -2$

解説 因数分解すると, それぞれ次のようになる.

(3) $(2x + 3)(x - 5) = 0$
(4) $(2x - 3)(3x + 10) = 0$
(5) 両辺に 6 を掛けて, $2x^2 + x - 15 = 0 \rightarrow$ $(2x - 5)(x + 3) = 0$
(6) 両辺に 6 を掛けて, $6x^2 + 7x - 10 = 0 \rightarrow$ $(x + 2)(6x - 5) = 0$

603 (1) $x = -3, -\dfrac{1}{2}$ (2) $x = \dfrac{-9 \pm \sqrt{41}}{4}$
(3) $x = \dfrac{-3 \pm \sqrt{5}}{4}$ (4) $x = 1, \dfrac{2}{3}$
(5) $x = \dfrac{-3 \pm \sqrt{15}}{2}$ (6) $x = 1, -\dfrac{1}{3}$
(7) $x = \dfrac{-5 \pm \sqrt{17}}{2}$ (8) $x = \dfrac{5 \pm \sqrt{13}}{2}$
(9) $x = \dfrac{2 \pm \sqrt{3}}{2}$

解説 (3) 解の公式を用いると, $x = \dfrac{-6 \pm 2\sqrt{5}}{8}$ となる. $\sqrt{}$ は文字のように考えるので, $\dfrac{-6 \pm 2p}{8} = \dfrac{-3 \pm p}{4}$ と約分するのと同じように扱う. **なお, $ax^2 + bx + c = 0$ に解の公式を用いると, b が偶数の場合にこのような約分が必要になる.**

604 (1) ① -1 ② $-i$ ③ 1 ④ i ⑤ -1
(2) ① $\sqrt{3}i$ ② $2i$ ③ $3 + 3i$ ④ $-5 + 2\sqrt{3}i$
⑤ $7i$
(3) ① $8 - 3i$ ② $-3 - 4i$ ③ $-6 + 11i$ ④ $14 - 5i$
⑤ $5 - 12i$ ⑥ 29

605 (1) ① $x = \dfrac{-3 \pm \sqrt{11}i}{2}$ ② $x = \dfrac{-3 \pm i}{2}$
③ $x = \dfrac{5 \pm \sqrt{7}i}{8}$
(2) ① 異なる 2 つの虚数解 ② 異なる 2 つの実数解 ③ 重解

解説 (2) ① $D = -23$ ② $D = 133$ ③ $D = 0$

606 (1) $x = \pm 3$ (2) $x = \pm 2\sqrt{2}$
(3) $x = \pm 3\sqrt{3}$ (4) $x = 15, -1$
(5) $x = -1, -7$ (6) $x = -\dfrac{3}{2}, \dfrac{5}{2}$

607 $x = 10$

解説 箱底面の正方形は, 1 辺 $x - 6$ [cm] となる. 箱の高さは 3 cm だから, 体積は $3(x - 6)^2$ と表される. よって $3(x - 6)^2 = 48$ から $x = 10, 2$ と得られるが, $x = 2$ は箱を作れないので不適.

演習問題解答 **131**

608 (1) $x=-\frac{2}{3}, \frac{1}{5}$ (2) $x=\frac{3}{4}, -\frac{3}{2}$
(3) $x=-\frac{1}{2}, -3$ (4) $x=-\frac{1}{3}$
(5) $x=-\frac{1}{2}, -\frac{1}{4}$ (6) $x=\frac{2}{3}, 1$

解説 因数分解するとそれぞれ次のようになる．
(3) $(2x+1)(x+3)=0$
(4) $(3x+1)^2=0$
(5) 両辺に 8 を掛けて，$8x^2+6x+1=0 \to$ $(2x+1)(4x+1)=0$
(6) 両辺に 5 を掛けて，$3x^2-5x+2=0 \to$ $(3x-2)(x-1)=0$

609 $x=2$

解説 下図のように考えれば，青い部分の面積は $(10-x)(14-x)$ となる．これが $96\,\mathrm{m}^2$.

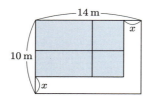

610 (1) $x=\frac{-4\pm\sqrt{10}}{3}$ (2) $x=-\frac{1}{4}, -2$
(3) $x=\frac{-3\pm\sqrt{7}}{2}$ (4) $x=2\pm\sqrt{2}$
(5) $x=4, -\frac{1}{2}$ (6) $x=\frac{5\pm\sqrt{13}}{6}$
(7) $x=-1, -3$ (8) $x=2, -5$
(9) $x=-1, -\frac{3}{2}$

611 $a=-14,\ x=-\frac{1}{3}$

解説 $x=5$ が解だから，代入すると方程式が成立する．よって，$3\times 5^2+a\times 5-5=0$ より $a=-14$. a が決まればもとの方程式は $3x^2-14x-5=0$. これを解くと $x=5, -\frac{1}{3}$ と得られる．

612 (1) $x^2+(x+1)^2=113$ (2) 7 と 8

解説 (2) 方程式を解くと $x=-8, 7$ となるが，x は自然数だから $x=-8$ は不適．

613 (1) $6i$ (2) $1-16i$ (3) $-7+12i$
(4) $11-13i$ (5) $8+6i$ (6) 25

614 (1) $x=-1\pm\sqrt{3}i$ (2) $x=\frac{-1\pm\sqrt{5}i}{3}$

(3) $x=\frac{-1\pm 3\sqrt{11}i}{10}$ (4) $x=\frac{-3\pm\sqrt{7}i}{4}$
(5) $x=\frac{2\pm\sqrt{2}i}{2}$ (6) $x=\frac{-1\pm\sqrt{3}i}{6}$

615 (1) 異なる 2 つの虚数解
(2) 異なる 2 つの実数解 (3) 重解
解説 (1) $D=-23$ (2) $D=121$ (3) $D=0$

第 7 章

701 (1)

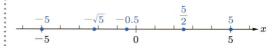

(2)

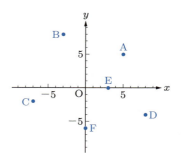

702 (1) ①

x	-6	-4	-2	0	2	4	6
y	-12	-8	-4	0	4	8	12

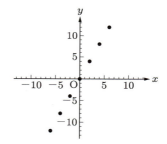

②

x	-6	-4	-2	0	2	4	6
y	6	4	2	0	-2	-4	-6

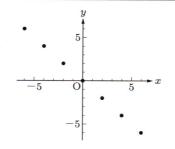

③
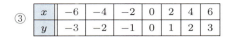

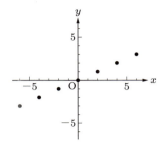

(2) ①

x	-6	-3	-2	-1	0	1	2	3	6
y	-1	-2	-3	-6	/	6	3	2	1

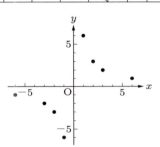

②

x	-6	-3	-2	-1	0	1	2	3	6
y	2	4	6	12	/	-12	-6	-4	-2

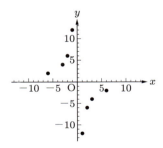

③

x	-6	-3	-2	-1	0	1	2	3	6
y	1	2	3	6	/	-6	-3	-2	-1

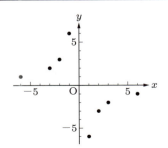

703

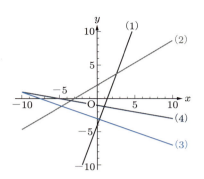

解説 (4) $y = -\dfrac{1}{5}x - 1$ と考えればよい．

704 (1) ① $y - 5 = 3(x+2)^2$
② $y - 6 = -2(x+3)^2$ ③ $y - 3 = \dfrac{1}{2}(x-1)^2$
(2)

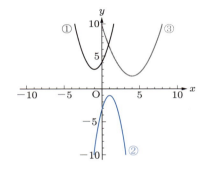

解説 ① $y - 3 = (x+1)^2$，頂点 $(-1, 3)$
② $y + 1 = -2(x-1)^2$，頂点 $(1, -1)$
③ $y - 2 = \dfrac{1}{2}(x-4)^2$，頂点 $(4, 2)$

705 (1) $(2, 0)$ (2) $(-2, 0), (2, 0)$
(3) $A(-4, 12), B(2, 0)$

解説 (1) $-2x + 4 = 0$ を解くと $x = 2$．座標というときは (x, y) 両方を書く．(2) $x^2 - 4 = 0$ を解く．(3) $\begin{cases} y = -2x + 4 \\ y = x^2 - 4 \end{cases}$ を解く．一次方程式と二次方程式の連立なので，代入法で解く．加減法は使えない．

706

707 (1)

x	-4	-3	-2	-1	0	1	2	3	4
y	-8	-6	-4	-2	0	2	4	6	8

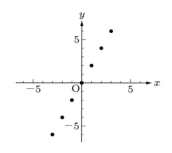

(2)

x	-4	-3	-2	-1	0	1	2	3	4
y	6	$\frac{9}{2}$	3	$\frac{3}{2}$	0	$-\frac{3}{2}$	-3	$-\frac{9}{2}$	-6

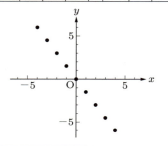

(3)

x	-4	-3	-2	-1	0	1	2	3	4
y	$-\frac{3}{2}$	-2	-3	-6	/	6	3	2	$\frac{3}{2}$

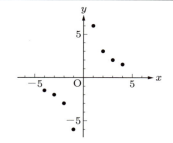

(4)

x	-4	-3	-2	-1	0	1	2	3	4
y	3	4	6	12	/	-12	-6	-4	-3

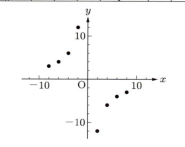

708

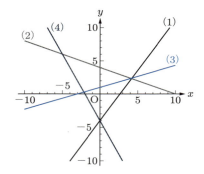

709 ① $y = -2x - 5$ ② $y = 2x + 3$
③ $y = -\frac{1}{5}x + 7$ ④ $y = \frac{1}{3}x - 3$

解説 傾き a はグラフ格子上の 2 点を用いて $\Delta x, \Delta y$ を求めればよい．(3) の場合，格子上にある座標は $(0, 7)$ と $(5, 6)$ であるから，$\Delta x = 5$, $\Delta y = -1$，すなわち $a = \dfrac{\Delta y}{\Delta x} = -\dfrac{1}{5}$ となる．

710 (1) $y - 4 = (x + 2)^2$ (2) $y + 3 = 2(x - 3)^2$
(3) $y - 1 = \dfrac{1}{3}(x + 6)^2$

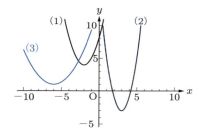

解説 放物線の頂点はそれぞれ，(1) $(-2, 4)$, (2) $(3, -3)$, (3) $(-6, 1)$ である．

711 (1) $m: y = \dfrac{1}{2}x + 4,\ n: y = -x + 7$

(2) P$(2, 5)$ (3) $\triangle$ACP $= 3$, $\triangle$BPD $= \dfrac{75}{2}$

解説 (1) 直線 m は $(-8, 0)$ と $(0, 4)$ を通る直線の式，直線 n は $(0, 7)$ と $(7, 0)$ を通る直線の式を求めればよい．(2) 得られた直線の式を連立させて解く．(3) $\triangle$ACP は，AC $= 7 - 4 = 3$ を底辺と見ると，高さは P の x 座標になる．また $\triangle$BPD は，DB $= 7 - (-8) = 15$ を底辺と見ると，高さは P の y 座標になる．

第 8 章

801 (1) ① $x = 60°$ ② $x = 90°$ ③ $x = 90°$

(2) ① $x=5$ ② $x=\sqrt{10}$ ③ $x=4\sqrt{2}$

解説 (1) ③ 図のように頂点を A, B, C, D とすると，△ABD と △CBD はいずれも二等辺三角形であることがわかる．**二等辺三角形では底角が等しい**から，
$$\angle ABD = \angle ADB = \frac{180-60}{2} = 60°$$
$$\angle CBD = \angle CDB = \frac{180-120}{2} = 30°$$
である．よって $x = \angle ABD + \angle CBD = 90°$．

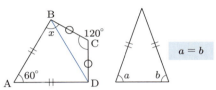

802 (1) $x=2, y=4$ (2) $x=\sqrt{5}, y=2\sqrt{5}$
(3) $x=\sqrt{3}, y=2\sqrt{3}$

解説 (2) $x^2 = 1^2 + 2^2$ より $x=\sqrt{5}$．相似な直角三角形の辺の比を用いて，$x:1 = y:2$ より $y = 2\sqrt{5}$．

803 (1) $\sin 60° = \frac{\sqrt{3}}{2}, \cos 60° = \frac{1}{2}$
(2) $AC = 4\sqrt{3}, BC = 4$
(3) $AE = 2\sqrt{3}, DE = 2$

804 (1) $\sin\theta = \frac{12}{13}$ (2) $\tan\theta = \frac{\sqrt{7}}{3}$
(3) ① $\cos 10°$ ② $\sin 32°$ ③ $\frac{1}{\tan 15°}$

解説 (1) $\sin^2\theta + \cos^2\theta = 1$ を用いる．
(2) $\tan^2\theta + 1 = \frac{1}{\cos^2\theta}$ を用いる．

805 (1) $x=1$ (2) $x=13$ (3) $x=\sqrt{130}$

806 (1) $x=45°$ (2) $x=40°$ (3) $x=105°$

解説 (3) 以下の図を参照して**四角形の内角の和は 360°** になることを用いる（$45 + x + 120 + 90 = 360$）．

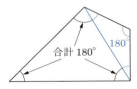

807 (1) $x=5, y=\frac{12}{5}$ (2) $x=5, y=10$

(3) $x=\sqrt{5}, y=\frac{5}{2}$

808 (1) $\sin\theta = \frac{2}{\sqrt{13}}, \cos\theta = \frac{3}{\sqrt{13}}, \tan\theta = \frac{2}{3}$
(2) $\sin\theta = \frac{2}{\sqrt{5}}, \cos\theta = \frac{1}{\sqrt{5}}, \tan\theta = 2$
(3) $\sin\theta = \frac{2}{\sqrt{5}}, \cos\theta = \frac{1}{\sqrt{5}}, \tan\theta = 2$

809 $\sin 60° = \frac{\sqrt{3}}{2}, \cos 60° = \frac{1}{2},$
$\tan 60° = \sqrt{3}$

810 104 m
解説 $500 \times \sin 12° = 500 \times 0.208$

811 $\sin\theta = \frac{1}{\sqrt{10}}, \cos\theta = \frac{3}{\sqrt{10}}$

解説 $\sin^2\theta + \cos^2\theta = 1, \tan^2\theta + 1 = \frac{1}{\cos^2\theta}$ を用いる．

812 (1) $\cos 15°$ (2) $\sin 18°$ (3) $\frac{1}{\tan 25°}$

813 (1) $\sin 20° < \sin 25°$ (2) $\cos 20° > \cos 25°$
(3) $\sin 15° > \cos 80°$

解説 このような問題では，図を描いて判断すればよい．(1) であれば斜辺を c として統一すれば，下図のようになるから，a_2 のほうが大きい．したがって $\frac{a_1}{c} < \frac{a_2}{c}$ となるから $\sin 20° < \sin 25°$．
(3) については $\cos 80° = \sin 10°$ と変換して比較する．

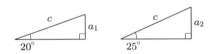

814 (1) $\angle OAC = 60°$ (2) $\angle ABC = 30°$
(3) $BC = 3\sqrt{3}$

解説 (1) OA, OB, OC はいずれも円の半径だから 3 になる．$AC = 3$ であれば △OAC は正三角形である．(2) △OBC は二等辺三角形．(3) $\angle ACB = \angle OCA + \angle OCB = 60° + 30° = 90°$ であるから，△ABC は直角三角形である．よって三平方の定理を適用できる．

815 (1) △ACD, △CBD (2) $AD = 9, BD = 4$
(3) $\tan\theta = \frac{2}{3}$

解説 (2) $AD = x$ とすると $BD = 13 - x$. △ACD ∽ △CBD であるから，$AD : DC = CD : DB$. よって $x : 6 = 6 : 13 - x$ が得られる．この方程式を整理すると $x^2 - 13x + 36 = 0$ より，$x = 4, 9$. $AD > BD$ であるから $AD = 9$.

816 (1) $\angle BAC = 30°$ (2) $AE = \sqrt{3} - 1$
(3) $AE : AD = \sqrt{2} : 1$ (4) $AD = \dfrac{\sqrt{6} - \sqrt{2}}{2}$
(5) $\sin 15° = \dfrac{\sqrt{6} - \sqrt{2}}{4}$

解説 (1) △ABC は直角三角形で，$AB : BC = 2 : 1$ であるから，30° の三角定規と同じ辺の比になる．(2) $AC = 2 \times \cos 30° = \sqrt{3}$.
(3) 角度を求めると下図のようになる．△ADE は直角二等辺三角形．

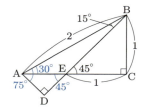

(4) 45° の三角定規の辺の比であるから，$AE : AD = \sqrt{2} : 1$ となる．よって $\sqrt{3} - 1 : AD = \sqrt{2} : 1$.

第9章

901 (1) ① $x = 60°, y = 120°$
② $x = 90°, y = 30°$ ③ $x = 40°, y = 50°$
(2) ① $\dfrac{10}{9}\pi$ ② $\dfrac{10}{3}\pi$ ③ $\dfrac{5}{2}\pi$

解説 (1) ② x は半円の円周角，y は直角三角形の辺の比から得られる．③ x, y を含む三角形は直角三角形．
(2) ① 中心角は 40°．③ △OAB は $OA = OB$ の二等辺三角形だから，$\angle B = 45°$，よって $\angle AOB = 90°$.

902 (1) $\dfrac{\pi}{4}$ [rad] (2) $\dfrac{2}{3}\pi$ [rad] (3) $\dfrac{5}{6}\pi$ [rad]
(4) 36° (5) 150° (6) 108°

903 (1) ① $\dfrac{1}{\sqrt{2}}$ ② $-\dfrac{1}{\sqrt{2}}$ ③ -1 ④ $\dfrac{\sqrt{3}}{2}$
⑤ $-\dfrac{1}{2}$ ⑥ $-\sqrt{3}$
(2) $\sin 90° = 1, \cos 90° = 0$

904 (1) ① $\theta = 60°$ ② $\theta = 30°$ ③ $\theta = 30°$
(2) ① $\theta = 30°, 150°$ ② $\theta = 60°, 120°$
③ $\theta = 0°, 45°, 135°, 180°$ ④ $\theta = 60°, 180°$
⑤ $\theta = 45°, 135°$

解説 (2) ③ $\sin\theta = x$ と置くと，$\sqrt{2}x^2 = x$. よって $x(\sqrt{2}x - 1) = 0$. すなわち $x = \sin\theta = 0, \dfrac{1}{\sqrt{2}}$.
④ $\sin^2\theta = 1 - \cos^2\theta$ と変形して $\cos\theta = x$ と置く．

905 (1) $x = 40°$ (2) $x = 55°$ (3) $x = 30°$
(4) $x = 40°$ (5) $x = 60°$ (6) $x = 60°$

解説 (2) 半円の円周角は 90°，よって円内の三角形は直角三角形．(3) 二等辺三角形の底角を求める．(4) x を含む三角形は直角三角形．(6) 下図を参照すると，$\angle ABC$ は半円の円周角だから 90°．よって $\angle ABD = 60°$ で，そこから $\overset{\frown}{AD}$ の円周角を考える．

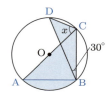

906 (1) $x = 140°, y = 220°, z = 110°$
(2) ① $\dfrac{b}{2}$ ② $\dfrac{d}{2}$ ③ $\dfrac{b+d}{2}$ ④ 360 ⑤ 180

907 (1) $\dfrac{\pi}{6}$ [rad] (2) $\dfrac{\pi}{4}$ [rad] (3) $\dfrac{\pi}{3}$ [rad]
(4) $\dfrac{\pi}{2}$ [rad] (5) $\dfrac{2}{3}\pi$ [rad] (6) $\dfrac{3}{4}\pi$ [rad]
(7) $\dfrac{5}{6}\pi$ [rad] (8) π [rad]

908 (1) 45° (2) 135° (3) 120° (4) 360°

909 (1) $\dfrac{\sqrt{3}}{2}$ (2) $-\dfrac{1}{2}$ (3) $-\sqrt{3}$ (4) $\dfrac{1}{\sqrt{2}}$
(5) $-\dfrac{1}{\sqrt{2}}$ (6) -1 (7) $\dfrac{1}{2}$ (8) $-\dfrac{\sqrt{3}}{2}$
(9) $-\dfrac{1}{\sqrt{3}}$ (10) 0 (11) -1 (12) 0

910 (1) $L = \pi, S = \dfrac{3}{2}\pi$ (2) $L = \dfrac{15}{4}\pi, S = \dfrac{75}{8}\pi$
(3) $L = \dfrac{\pi}{2}, S = \dfrac{\pi}{2}$ (4) $L = 10\pi, S = 60\pi$

解説 (1), (2) は $L = 2\pi r \times \dfrac{a}{360}, S = \pi r^2 \times \dfrac{a}{360}$

から，(3), (4) は $L = r\theta, S = \dfrac{1}{2}Lr$ から求める．

911 (1) $\sin 30°$ (2) $-\cos 15°$ (3) $\cos 10°$
(4) $-\sin 25°$

解説 鈍角の場合，いったん鋭角の三角比にしてから $45°$ 以下で表せばよい．(3) $\sin 100° = \sin 80° = \cos 10°$. (4) $\cos 115° = -\cos 65° = -\sin 25°$.

912 (1) $\theta = 60°$ (2) $\theta = 45°$ (3) $\theta = 60°$

解説 (2) $\cos\theta = \dfrac{\sqrt{2}}{2} = \dfrac{1}{\sqrt{2}}$ である．三角比は分母を有理化していない形で表されることも多いので，有理化してあるときには見慣れた形に変換するとよい．

913 (1) $\theta = 60°, 120°$ (2) $\theta = 120°$
(3) $\theta = 180°$ (4) $\theta = 30°, 150°$
(5) $\theta = 90°, 120°$ (6) $\theta = 30°, 150°$
(7) $\theta = 0°, 120°$

解説 単位円上の x 座標が $\sin\theta$ の値，y 座標が $\cos\theta$ の値であることを利用すると，見落としを防ぐことができる．(6) の場合，方程式を解くと $\sin\theta = \dfrac{1}{2}, -1$ と得られるので，単位円上で考えると，下図のように $\sin\theta = \dfrac{1}{2}$ に対しては $\theta = 30°, 150°$, $\sin\theta = -1$ に対しては $0° \leqq \theta \leqq 180°$ の範囲に解は存在しないことがわかる．

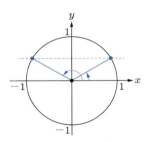

914 ① OD または 1 ② $\cos\theta$ ③ $\sin\theta$

915 $6\sqrt{3}$

解説 下図のように，2辺とその間の角度がわかる三角形の面積 S は，
$$S = \dfrac{1}{2}ab\sin\theta$$
で得られる．

916 (1) OH $= 1$ (2) $\dfrac{2}{3}$ (3) $2 + 2\sqrt{3}$

解説 (1) 底面が正方形であるから，その対角線 AC は三平方の定理によって AC $= 2$ と得られる．O, A, C を通る平面で四角錐を切ると，切り口は下図のようになる．

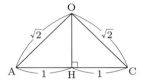

(3) 底面積は $\sqrt{2} \times \sqrt{2} = 2$. 側面の4つの三角形は1辺 $\sqrt{2}$ の正三角形だから，**915** の解説の公式を用いれば1枚あたりの面積は以下のようになる．
$$\dfrac{1}{2} \times \sqrt{2} \times \sqrt{2} \times \sin 60° = \dfrac{\sqrt{3}}{2}$$

第10章

1001 (1) $R = 6, b = 6\sqrt{2}$ (2) $R = 4$

解説 正弦定理や余弦定理（→ **10-2**）を適用する場合は，最初に $\angle$A, B, C の対辺 a, b, c の位置を明確に把握しておく．そのために，簡単な図を描くとよい．
(1) $\dfrac{a}{\sin A} = 2R$ で R を求めてから $\dfrac{b}{\sin B} = 2R$ を適用．

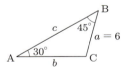

(2) 下図より，$\angle$A $= 60°$. $\dfrac{a}{\sin A} = 2R$ を適用．

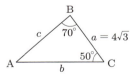

1002 (1) $c = \sqrt{61}$ (2) $B = 135°$ (3) $C = 60°$

解説 (1) $c^2 = a^2 + b^2 - 2ab\cos C$ を適用する．
(2) $b^2 = c^2 + a^2 - 2ca\cos B$ を適用すると，$\cos B = -\dfrac{1}{\sqrt{2}}$ が得られる．

(3) $c^2 = a^2 + b^2 - 2ab\cos C$ を適用すると，$\cos C = \dfrac{1}{2}$ が得られる．

1003 (1) $\dfrac{\sqrt{6}-\sqrt{2}}{4}$ (2) $2+\sqrt{3}$ (3) $\dfrac{\sqrt{6}-\sqrt{2}}{4}$
(4) $\dfrac{\sqrt{6}+\sqrt{2}}{4}$ (5) $2-\sqrt{3}$ (6) $\dfrac{\sqrt{6}+\sqrt{2}}{4}$
(7) $\dfrac{-\sqrt{6}+\sqrt{2}}{4}$ (8) $-2-\sqrt{3}$

解説 $\tan(\alpha+\beta) = \dfrac{\tan\alpha+\tan\beta}{1-\tan\alpha\cdot\tan\beta}$ を適用すると，多くの場合，根号を含んだ繁分数になるので，なるべくすっきりした形にする必要がある．(2) の場合は次のようにする．

$$\begin{aligned}
\tan 75° &= \tan(45°+30°) \\
&= \dfrac{\tan 45° + \tan 30°}{1 - \tan 45° \cdot \tan 30°} \\
&= \dfrac{1 + \dfrac{1}{\sqrt{3}}}{1 - 1 \cdot \dfrac{1}{\sqrt{3}}} \\
&= \dfrac{\left(1+\dfrac{1}{\sqrt{3}}\right)\times\sqrt{3}}{\left(1-1\cdot\dfrac{1}{\sqrt{3}}\right)\times\sqrt{3}} = \dfrac{\sqrt{3}+1}{\sqrt{3}-1} \\
&= \dfrac{(\sqrt{3}+1)(\sqrt{3}+1)}{(\sqrt{3}-1)(\sqrt{3}+1)} = \dfrac{3+2\sqrt{3}+1}{3-1} \\
&= \dfrac{4+2\sqrt{3}}{2} \\
&= 2+\sqrt{3}
\end{aligned}$$

1004 $\sin 22.5° = \dfrac{\sqrt{2-\sqrt{2}}}{2}$,
$\cos 22.5° = \dfrac{\sqrt{2+\sqrt{2}}}{2}$

解説 半角の公式を使えば，$\sin^2\left(\dfrac{45°}{2}\right) = \dfrac{1-\cos 45°}{2}$.
$(\sin 22.5°)^2 = \dfrac{1-\dfrac{1}{\sqrt{2}}}{2} = \dfrac{\sqrt{2}-1}{2\sqrt{2}} = \dfrac{2-\sqrt{2}}{4}$.
22.5° は鋭角だから，$\sin 22.5° > 0$. よって $\sin 22.5° = \dfrac{\sqrt{2-\sqrt{2}}}{2}$. $\cos 22.5°$ も同様の手順で得られる．

1005 (1) $-\dfrac{1}{2}$ (2) $-\dfrac{1}{\sqrt{2}}$ (3) $-\sqrt{3}$ (4) $-\dfrac{1}{\sqrt{2}}$

(5) $\dfrac{\sqrt{3}}{2}$

1006

(1)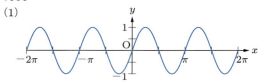

(2)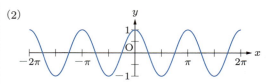

(3)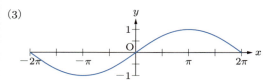

(4)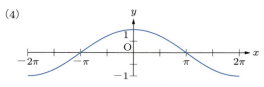

(5)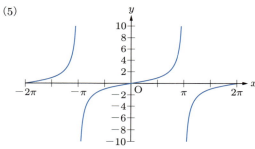

1007 (1) $c = 3\sqrt{2}$, $R = 3\sqrt{2}$
(2) $A = 30°, 150°$ (3) $c = 7$ (4) $\cos B = \dfrac{5}{21}$

解説 (1)(2) 正弦定理を利用する．(2) については2つの角度が得られるが，下図のような意味である．

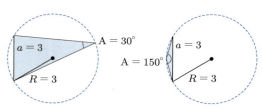

(3)(4) 余弦定理を適用する．

1008 (1) $\dfrac{\sqrt{6}-\sqrt{2}}{4}$ (2) $-\dfrac{\sqrt{6}+\sqrt{2}}{4}$
(3) $-2+\sqrt{3}$

1009 (1) $\sin(\alpha+\beta)=1, \cos(\alpha+\beta)=0$
(2) $\sin(\alpha-\beta)=\dfrac{33}{65}, \cos(\alpha-\beta)=\dfrac{56}{65}$

解説 いずれの計算も加法定理を用いるが，$\sin^2\theta+\cos^2\theta=1$ を用いて事前に $\sin\alpha, \cos\alpha, \sin\beta, \cos\beta$ を求めておく．α, β ともに鋭角と指定されているから，$\sin\alpha, \cos\alpha, \sin\beta, \cos\beta$ いずれも正の値になる．

1010 $\alpha+\beta=120°$

解説 **1009** と同様の理由で $\cos\alpha=\dfrac{3\sqrt{3}}{14}$，$\cos\beta=\dfrac{5\sqrt{3}}{14}$ と計算できるので，加法定理から $\sin(\alpha+\beta)=\dfrac{\sqrt{3}}{2}$，$\cos(\alpha+\beta)=-\dfrac{1}{2}$ となる．これらを満たす $\alpha+\beta$ を求める．

1011 (1) $-\dfrac{120}{169}$ (2) $-\dfrac{119}{169}$ (3) $\dfrac{120}{119}$

解説 $\sin^2\theta+\cos^2\theta=1$ に $\sin\alpha=\dfrac{12}{13}$ を代入すると $\cos\alpha=\pm\dfrac{5}{13}$ と得られるが，$90°\leqq\alpha\leqq180°$ から $\cos\alpha=-\dfrac{5}{13}$ と決まる．(1)(2) は倍角の公式にこれらを代入する．(3) は $\tan2\alpha=\dfrac{\sin2\alpha}{\cos2\alpha}$ を適用する．

1012 (1) $-\dfrac{1}{\sqrt{2}}$ (2) $-\dfrac{\sqrt{3}}{2}$ (3) $\dfrac{1}{\sqrt{3}}$ (4) $-\dfrac{\sqrt{3}}{2}$
(5) $\dfrac{1}{2}$ (6) $-\sqrt{3}$ (7) $-\dfrac{\sqrt{3}}{2}$ (8) $\dfrac{1}{2}$ (9) $-\sqrt{3}$

1013 (1) $\theta=0°, 120°, 240°$
(2) $\theta=0°, 45°, 180°, 315°$

解説 (1) 倍角の公式を用いると，$\left(2\cos^2\theta-1\right)-\cos\theta=0$．$\cos\theta=x$ と置くと $2x^2-x-1=0$ となり，$x=1, -\dfrac{1}{2}$．よって $\cos\theta=1, -\dfrac{1}{2}$．
(2) 倍角の公式を用いると，$2\sin\theta\cos\theta=\sqrt{2}\sin\theta$．変形すると $\sin\theta\left(2\cos\theta-\sqrt{2}\right)=0$ となるから，$\sin\theta=0, \cos\theta=\dfrac{\sqrt{2}}{2}=\dfrac{1}{\sqrt{2}}$．

1014 (1) $\dfrac{2}{3}\pi$ [rad] (2) $a=3$

解説 (1) グラフを参照すれば，$-3\pi\leqq x\leqq 3\pi$ の範囲に同じ波が 9 回現れているから，周期は $\dfrac{6\pi}{9}$ [rad]．(2) $y=\cos ax$ のグラフの周期は $\dfrac{2\pi}{a}$ である（→ **10-6**）から，$\dfrac{2\pi}{a}=\dfrac{2\pi}{3}$ となればよい．

1015
(1)
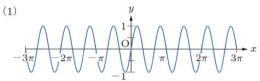

(2)
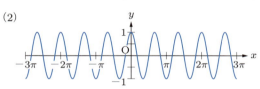

(3)
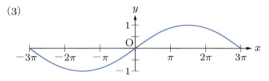

(4)
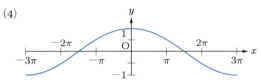

(5)
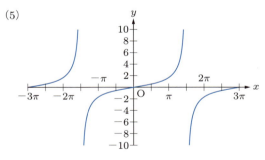

第 11 章

1101 (1) $\dfrac{1}{9}$ (2) -125 (3) $\dfrac{4}{9}$ (4) 1 (5) $\dfrac{1}{a^3}$
(6) $-\dfrac{1}{a^3b^6}$ (7) $\dfrac{a^8}{b^{12}}$ (8) 1

1102 (1) 3 (2) -3 (3) 5 (4) -3 (5) -3
(6) -1 (7) $\dfrac{1}{3}$ (8) 8 (9) 3

解説 (8) $\sqrt[3]{8} \times 2^{-\frac{1}{2}} \times 2^{\frac{5}{2}} = \sqrt[3]{2^3} \times 2^{-\frac{1}{2}} \times 2^{\frac{5}{2}}$
$= 2^1 \times 2^{-\frac{1}{2}} \times 2^{\frac{5}{2}} = 2^{1-\frac{1}{2}+\frac{5}{2}} = 2^3 = 8$

1103 (1) $x=8$ (2) $x=6$ (3) $x=4$
(4) $x=-4$ (5) $x=0,3$ (6) $x=2,1$
(7) $x=1$ (8) $x=0,-1$ (9) $x=2$

解説 (5) $2^x = X$ とすると, $X^2 - 9X + 8 = 0$. よって $X = 2^x = 8, 1$. 「**0 乗は 1 になる**」ことを忘れないこと.
(7) $7^x = X$ と置くと, $X^2 - 5X - 14 = 0$. $X = -2, 7$ となるが, $X = 7^x = -2$ となる x は存在しない. よって $X = 7^x = 7$ のみを考えて $x = 1$.
(8) $X = 5^x$ と置くと $X = 5^x = \dfrac{1}{5}, 1$ となる. $\dfrac{1}{5} = 5^{-1}, 1 = 5^0$ である.

1104

(1)
x	-3	-2	-1	0	1	2	3	4
y	$\dfrac{1}{27}$	$\dfrac{1}{9}$	$\dfrac{1}{3}$	1	3	9	27	81

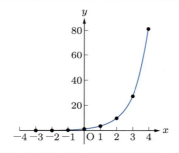

(2)
x	-3	-2	-1	0	1	2	3	4
y	27	9	3	1	$\dfrac{1}{3}$	$\dfrac{1}{9}$	$\dfrac{1}{27}$	$\dfrac{1}{81}$

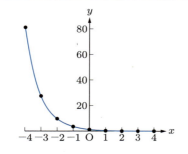

1105 (1) 2 km (2) 30 kN (3) 5 000 000 mm²
(4) 150 μm

解説 この問題にあるように, 0 がたくさん出てくるようなものを考えるときは, 本書で表しているように小数点を基準にして 3 桁ずつ少し空けて記述するとわかりやすくなる.
(3) 1 m = 1 000 mm だから, 5 m² = 5 × 1 m × 1 m = 5 × 1 000 mm × 1 000 mm = 5 000 000 mm²

1106 (1) $\dfrac{1}{32}$ (2) -243 (3) 9 (4) 2 (5) a^2
(6) $-\dfrac{a^6}{b^3}$ (7) $\dfrac{b^2}{a^2}$ (8) $\dfrac{1}{a^2 b^2}$

1107 (1) 5 (2) -5 (3) ± 3 (4) 1 (5) -1
(6) 2 (7) -2 (8) 3 (9) 3 (10) -2

1108 (1) -1 (2) 1 (3) 1 (4) 5 (5) 16
(6) -1 (7) 1

解説 (2) マイナス乗と分数乗が組み合わさっているときは, 先にマイナス乗だけを逆数にすると混乱せずにすむ. $9^{-\frac{1}{2}} = \dfrac{1}{9^{\frac{1}{2}}} = \dfrac{1}{\sqrt{9}} = \dfrac{1}{3}$.
(3) $\sqrt[4]{9} = \sqrt[4]{3^2} = 3^{\frac{2}{4}} = 3^{\frac{1}{2}} = \sqrt{3}$. (5) $16^{\frac{3}{4}} = (2^4)^{\frac{3}{4}} = 2^3 = 8$. (7) $(0.01)^{0.5} = (0.01)^{\frac{1}{2}}$.

1109 500 s

解説 速さ・距離・時間の関係式を知っていればすぐに求められるが, 速さ 3.0×10^8 m/s というのは 1 s 間に 3.0×10^8 m 進むという意味である. すると, 15×10^{10} m 進むのに必要な時間は $\dfrac{15 \times 10^{10}}{3.0 \times 10^8}$ で計算すればよいことがわかる.

1110 (1) $x=6$ (2) $x=-3$ (3) $x=1$
(4) $x=-1$ (5) $x=2,3$ (6) $x=0,2$
(7) $x=2$ (8) $x=2,0$ (9) $x=1,2$

1111

(1)
x	-3	-2	-1	0	1	2	3
y	$\dfrac{1}{125}$	$\dfrac{1}{25}$	$\dfrac{1}{5}$	1	5	25	125

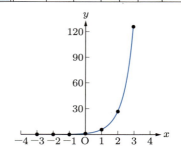

(2)

x	-3	-2	-1	0	1	2	3
y	125	25	5	1	$\dfrac{1}{5}$	$\dfrac{1}{25}$	$\dfrac{1}{125}$

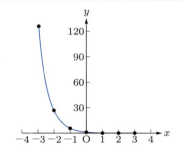

1112 ① 100 ② 10 000 ③ 4

1113 (1) 20 m (2) 3 m (3) 0.002 m^2
(4) 3 000 mm^2 (5) 10 mg (6) 0.73 kg
(7) 80 kN (8) 54 kHz

解説 (3) 主な解き方として次の 2 つを知っておくとよい． ① 1 m = 100 cm だから 1 cm = 0.01 m．よって 20 cm^2 = 20 × (0.01 m)^2 = 20 × 0.0001 m^2 = 0.002 m^2．
② 20 cm^2 = x [m^2] とすると，1 m = 100 cm を代入して 20 cm^2 = x × (100 cm)^2．よって 20 cm^2 = x × 10000 cm^2 だから x = 0.002．
(7) [kg·m/s^2] = [N] (8) [s^{-1}] = [Hz]

第 12 章

1201 (1) 3 (2) 5 (3) 3 (4) 0 (5) 2 (6) -4
(7) -3 (8) -3 (9) $\dfrac{3}{2}$ (10) $\dfrac{3}{4}$

1202 (1) 2 (2) 2 (3) 3 (4) 3 (5) $5\log_2 3$
(6) $\log_{10} 5$

1203 (1) $x = 8$ (2) $x = \pm 2$ (3) $x = \pm 3$
(4) $x = 4, 256$ (5) $x = 125, \dfrac{1}{125}$ (6) $x = 2, \sqrt{2}$

1204

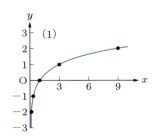

(2)

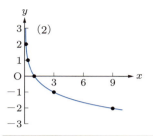

解説 (1)

x	$\dfrac{1}{9}$	$\dfrac{1}{3}$	1	3	9
$y = \log_3 x$	-2	-1	0	1	2

(2)

x	$\dfrac{1}{9}$	$\dfrac{1}{3}$	1	3	9
$y = \log_{\frac{1}{3}} x$	2	1	0	-1	-2

1205 (1) 1.0791 (2) 1.4771 (3) 0.1761
(4) -0.3010 (5) 0.6825

解説 (1) $2\log_{10} 2 + \log_{10} 3$．
(3) $\log_{10} \dfrac{3}{2} = \log_{10} 3 - \log_{10} 2$．
(4) $\dfrac{\log_{10} 2}{\log_{10} 0.1} = \dfrac{\log_{10} 2}{\log_{10} 10^{-1}} = -\log_{10} 2$．
(5) $\dfrac{\log_{10} 3}{\log_{10} 5} = \dfrac{\log_{10} 3}{\log_{10} \dfrac{10}{2}} = \dfrac{\log_{10} 3}{\log_{10} 10 - \log_{10} 2}$
$= \dfrac{\log_{10} 3}{1 - \log_{10} 2}$．

1206 (1) 4 (2) 4 (3) 5 (4) 0 (5) $\dfrac{1}{2}$ (6) -2
(7) 2 (8) 2 (9) $\dfrac{4}{3}$ (10) $\dfrac{3}{4}$

1207 (1) 3 (2) 3 (3) 2 (4) 4 (5) $8\log_3 2$
(6) 0

1208 $2a + b$

解説 $\log_{10} 12 = \log_{10} (2^2 \times 3) = 2\log_{10} 2 + \log_{10} 3$．

1209 (1) $x = 5$ (2) $x = 6$ (3) $x = 3$
(4) $x = 9, \dfrac{1}{3}$ (5) $x = 8, \dfrac{1}{8}$ (6) $x = 4, \dfrac{1}{\sqrt[3]{2}}$

解説 (3) 真数を比較すれば，$x^2 - 6 = x$ より $x = 3, -2$ が得られる．このうち $x = -2$ は方程式に代入すると真数条件（$\log_a M$ において $M > 0$）を満たさないので不適．

1210

(1)

x	$\frac{1}{125}$	$\frac{1}{25}$	$\frac{1}{5}$	1	5	25	125
y	-3	-2	-1	0	1	2	3

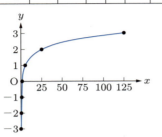

(2)

x	$\frac{1}{125}$	$\frac{1}{25}$	$\frac{1}{5}$	1	5	25	125
y	3	2	1	0	-1	-2	-3

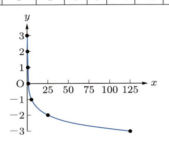

1211 (1) ① a ② a^p ③ a^p
(2) ④ a ⑤ 1 ⑥ 1 ⑦ 1

1212 1

解説 底を 10 にそろえてみると,
$$\frac{\log_{10} 3}{\log_{10} 2} \times \frac{\log_{10} 5}{\log_{10} 3} \times \frac{\log_{10} 2}{\log_{10} 5}.$$

1213 ① L ② N ③ Q ④ S ⑤ T ⑥ G ⑦ J

解説 常用対数を用いる対数軸は，目盛が一定の長さ進むごとに値の桁が 1 つ上がるので，0.1, 1, 10, 100 が等間隔で並ぶ．同じ間隔が 0.2, 2, 20 や 0.5, 5, 50 においても現れる．間違いやすい点は，5 は 1 と 10 の真ん中ではなく，10 に寄った位置になる．これは 50 のときも同じで，100 に寄った位置になる（下図参照）．

問題に与えられた値については，次のように計算できる．

① $\log_{10} 2 = 0.3010$ だから，$x = 1$ からの距離が 0.3010 の位置になる．プラスの値だから右方向．

③ $\log_{10} 20 = \log_{10}(10 \times 2) = \log_{10} 10 + \log_{10} 2 = 1 + 0.3010 = 1.3010$．よって $x = 1$ からの距離が 1.3010 の位置になる．プラスの値だから右方向．

⑥ $\log_{10} 0.2 = \log_{10} \frac{2}{10} = \log_{10} 2 - \log_{10} 10 = 0.3010 - 1 = -0.6990$．よって $x = 1$ からの距離が 0.6990 の位置になる．マイナスの値だから左方向．

第 13 章

1301 (1) $\frac{1}{3}$ (2) 7 (3) $-\frac{1}{3}$

解説 極限値 $\lim_{x \to a} f(x)$ の計算において，$f(a)$ をむりやり計算しようとしたときに $\frac{0}{0}$ となる場合は，分母と分子に共通因数が存在する．したがって因数分解して約分してから $x = a$ を代入すればよい．たとえば (2) の場合，
$$\lim_{x \to 2} \frac{x^2 + 3x - 10}{x - 2} = \lim_{x \to 2} \frac{(x+5)(x-2)}{x-2} = \lim_{x \to 2}(x+5)$$ として $x = 2$ を代入できるようになる．

1302 (1) ① 11 ② 10 ③ 9 (2) 8

解説 (2) $f'(3) = \lim_{\Delta x \to 0} \frac{f(3 + \Delta x) - f(3)}{\Delta x}$
$= \lim_{\Delta x \to 0} \frac{\{(3+\Delta x)^2 + 2(3+\Delta x)+1\} - \{3^2 + 2 \cdot 3 + 1\}}{\Delta x}$
$= \lim_{\Delta x \to 0} \frac{(\Delta x)^2 + 8\Delta x}{\Delta x} = \lim_{\Delta x \to 0}(\Delta x + 8)$

1303 (1) $\frac{y_B - y_A}{x_B - x_A}$ (2) $\frac{f(x_A + h) - f(x_A)}{h}$
(3) $\lim_{h \to 0} \frac{f(x+h) - f(x)}{h}$

1304 (1) $f'(x) = 20x + 3$
(2) $f'(x) = -40x^7 + 8x^3$
(3) $y' = -12x$ (4) $y' = 0$

解説 (4) は $y = 20^3 = 8000$ であるから，定数関数の導関数である．

1305 (1) $y' = \frac{3}{2}x^{\frac{1}{2}}$ (2) $y' = \frac{1}{3}x^{-\frac{2}{3}}$
(3) $y' = -3x^{-4}$ (4) $y' = -\frac{2}{3}x^{-\frac{5}{3}}$
(5) $y' = \frac{5}{3}x^{\frac{2}{3}}$ (6) $y' = \frac{1}{4}x^{-\frac{3}{4}}$ (7) $y' = \frac{1}{2}x^{-\frac{1}{2}}$
(8) $y' = \frac{3}{2}x^{\frac{1}{2}}$ (9) $y' = -2x^{-3}$ (10) $y' = -x^{-2}$
(11) $y' = -\frac{1}{2}x^{-\frac{3}{2}}$ (12) $y' = -\frac{2}{3}x^{-\frac{5}{3}}$

1306 (1) $\dfrac{1}{3}$

(2) ① $f'(x) = 5\cos x$ ② $f'(x) = -2\sin x$
③ $f'(x) = \dfrac{4}{\cos^2 x}$

1307 (1) ① e^5 ② $e^{\frac{1}{2}}\,(=\sqrt{e})$ ③ $e^{\frac{1}{2}}\,(=\sqrt{e})$

(2) ① $y' = 3e^x$ ② $y' = 2^x \log_e 2$ ③ $y' = \dfrac{2}{x}$
④ $y' = \dfrac{1}{x\log_e 2}$

1308 (1) 8 (2) $\dfrac{1}{3}$ (3) 2 (4) 0 (5) ∞ (6) 2

解説 (6) $\displaystyle\lim_{x\to\infty}\dfrac{2x+1}{x} = \lim_{x\to\infty}\left(2+\dfrac{1}{x}\right)$. ここで
$\displaystyle\lim_{x\to\infty}\dfrac{1}{x} = 0$ である．

1309 (1) 14 (2) 18 (3) 26

1310 (1) $f'(x) = 5x^4$, $f'(2) = 80$
(2) $f'(x) = 6x^2$, $f'(-1) = 6$
(3) $f'(x) = -6x$, $f'(0) = 0$
(4) $f'(x) = \dfrac{1}{2}x^{-\frac{1}{2}}$, $f'(4) = \dfrac{1}{4}$
(5) $f'(x) = \dfrac{3}{4}x^{-\frac{1}{4}}$, $f'(1) = \dfrac{3}{4}$
(6) $f'(x) = -2x^{-3}$, $f'(2) = -\dfrac{1}{4}$
(7) $f'(x) = \dfrac{4}{5}x^{-\frac{1}{5}}$, $f'(32) = \dfrac{2}{5}$
(8) $f'(x) = -3x^{-4}$, $f'(-3) = -\dfrac{1}{27}$
(9) $f'(x) = -4x^{-4}$, $f'(2) = -\dfrac{1}{4}$

1311 (1) $\dfrac{1}{2}$ (2) 5 (3) 2 (4) $\dfrac{1}{3}$

1312 (1) $f'(x) = \cos x$, $f'(\pi) = -1$
(2) $f'(x) = -\sin x$, $f'(0) = 0$
(3) $f'(x) = -3\cos x$, $f'\left(\dfrac{\pi}{2}\right) = 0$
(4) $f'(x) = -5\sin x$, $f'\left(\dfrac{\pi}{6}\right) = -\dfrac{5}{2}$
(5) $f'(x) = \dfrac{1}{\cos^2 x}$, $f'(0) = 1$
(6) $f'(x) = \dfrac{1}{8\cos^2 x}$, $f'\left(\dfrac{\pi}{3}\right) = \dfrac{1}{2}$

1313 (1) e^3 (2) $e^{\frac{1}{4}}$ (3) e^5

1314 (1) $f'(x) = e^x$, $f'(0) = 1$
(2) $f'(x) = 3^x \log_e 3$, $f'(1) = 3\log_e 3$

(3) $f'(x) = 2(2^x \log_e 2)$, $f'(0) = 2\log_e 2$
(4) $f'(x) = \dfrac{1}{x}$, $f'(3) = \dfrac{1}{3}$
(5) $f'(x) = \dfrac{1}{x\log_e 10}$, $f'(2) = \dfrac{1}{2\log_e 10}$
(6) $f'(x) = \dfrac{2}{x\log_e 3}$, $f'(2) = \dfrac{1}{\log_e 3}$

解説 (3) $f(x) = 2^{x+1} = 2\cdot 2^x$ として 2^x を微分すればよい．(6) $f(x) = \log_3 x^2 = 2\log_3 x$ として $\log_3 x$ を微分すればよい．

第14章

1401 (1) $y = 12x + 12$ (2) $y = 0$
(3) $y = -12x + 12$

解説 $f(x) = -3x^2$ より，$f'(x) = -6x$.
(2) 接点は $(0,0)$，傾きは $f'(0) = 0$．よって接線の方程式は $y - 0 = 0(x - 0)$，すなわち $y = 0$．これは x 軸と重なる直線になる．

1402

(1)
x	$\cdots$	1	$\cdots$
y'	$-$	0	$+$
y	↘	4	↗

(2)
x	$\cdots$	2	$\cdots$
y'	$+$	0	$-$
y	↗	-3	↘

1403

(1)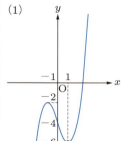

(2)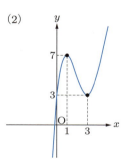

(3)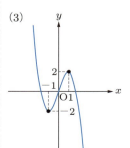

(4)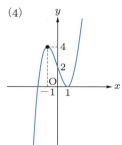

解説 増減表はそれぞれ次のとおり．

(1)
x	$\cdots$	-1	$\cdots$	1	$\cdots$
y'	$+$	0	$-$	0	$+$
y	↗	-2	↘	-6	↗

(2)
x	$\cdots$	1	$\cdots$	3	$\cdots$
y'	$+$	0	$-$	0	$+$
y	↗	7	↘	3	↗

(3)
x	$\cdots$	-1	$\cdots$	1	$\cdots$
y'	$-$	0	$+$	0	$-$
y	↘	-2	↗	2	↘

(4)
x	$\cdots$	-1	$\cdots$	1	$\cdots$
y'	$+$	0	$-$	0	$+$
y	↗	4	↘	0	↗

1404 (1) ① $y = \sin(x^3)$ ② $y = \cos 3x$
③ $y = \log_e 3x$
(2) ① $y = \sin u,\ u = x^2$ ② $y = \cos u,\ u = 2x$
③ $y = \log_e u,\ u = 2x + 3$
(3) ① $\dfrac{dy}{dx} = 2x\cos(x^2)$ ② $\dfrac{dy}{dx} = -3\cos^2 x \cdot \sin x$
③ $\dfrac{dy}{dx} = \dfrac{3}{\cos^2 3x}$ ④ $\dfrac{dy}{dx} = \dfrac{1}{x}$
⑤ $\dfrac{dy}{dx} = \dfrac{3}{x}(\log_e x)^2$ ⑥ $\dfrac{dy}{dx} = 2e^{2x}$

1405 (1) $y' = 2x\sin x + (x^2 + 1)\cos x$
(2) $y' = \cos^2 x - \sin^2 x\ (= \cos 2x)$
(3) $y' = e^x + xe^x$
(4) $y' = \dfrac{x\cos x - \sin x}{x^2}$
(5) $y' = \dfrac{\sin x - \cos x - 1}{(1 + \cos x)^2}$
(6) $y' = \dfrac{1 - x}{e^x}$

解説 (5) 商の微分法を当てはめると，分子は $-\cos x - \cos^2 x + \sin x - \sin^2 x$ となり，これを $\sin^2 x + \cos^2 x = 1$ を用いて変形する．(6) 商の微分法を当てはめると，$y' = \dfrac{e^x - x \cdot e^x}{(e^x)^2}$ となるので，e^x で約分できる．

1406 (1) $y = -x$ (2) $y = 5x + 1$
(3) $y = 2x + 2$ (4) $y = -7x + 16$

1407 (1) -3 と 3 (2) $y = 5x - \dfrac{11}{2},\ (x, y) = \left(\dfrac{3}{2}, 2\right)$ (3) $y = -\dfrac{9}{8}$

解説 (1) x 軸との交点は $y = 0$ のときだから，$2x^2 - x - 1 = 0$ の解．よって $x = -\dfrac{1}{2}, 1$．それぞれについて微分係数を求める．
(2) 導関数が $y' = 4x - 1$ だから，傾き 5 となるときは $4x - 1 = 5$ となる．よって $x = \dfrac{3}{2}$．このとき $y = 2$．よって傾き 5 で点 $\left(\dfrac{3}{2}, 2\right)$ を通る直線の式を求めればよい．
(3) x 軸と平行だから，接線の傾きは 0 になる．$y' = 4x - 1$ より $4x - 1 = 0$ を解いて $x = \dfrac{1}{4}$．このとき $y = -\dfrac{9}{8}$．よって傾き 0 で点 $\left(\dfrac{1}{4}, -\dfrac{9}{8}\right)$ を通る直線の式を求めればよい．

1408 (1) 極大値 0，極小値 -4
(2) 極大値 3，極小値 -1
(3) 極大値 22，極小値 -10
(4) 極大値 1，極小値 -3
グラフは以下のとおり．

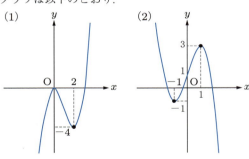

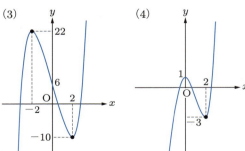

解説 増減表はそれぞれ次のとおり．

(1)
x	$\cdots$	0	$\cdots$	2	$\cdots$
y'	$+$	0	$-$	0	$+$
y	↗	0	↘	-4	↗

(2)

x	$\cdots$	-1	$\cdots$	1	$\cdots$
y'	$-$	0	$+$	0	$-$
y	↘	-1	↗	3	↘

(3)

x	$\cdots$	-2	$\cdots$	2	$\cdots$
y'	$+$	0	$-$	0	$+$
y	↗	22	↘	-10	↗

(4)

x	$\cdots$	0	$\cdots$	2	$\cdots$
y'	$+$	0	$-$	0	$+$
y	↗	1	↘	-3	↗

1409 (1) 最大値 16 最小値 -16
(2) 最大値 4 最小値 -16

解説 グラフを描いて定義域を青線で示すと，それぞれ以下のようになる．青線の最大・最小の値を読み取る．

(1)
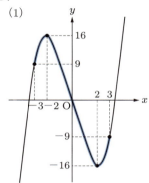

(2)
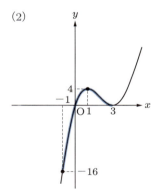

1410 (1) $y' = 5x^4 \cos x^5$ (2) $y' = -\frac{1}{3} \sin \frac{x}{3}$
(3) $y' = \frac{6x}{\cos^2(3x^2)}$ (4) $y' = 2\sin x \cdot \cos x$
(5) $y' = \frac{\sin x}{\cos^2 x}$ (6) $y' = \frac{3\tan^2 x}{\cos^2 x}$
(7) $y' = (6x-1)e^{(3x^2-x)}$ (8) $y' = -\frac{1}{e^x}$
(9) $y' = 5e^{5x}$ (10) $y' = \frac{2x}{x^2+2}$ (11) $y' = \frac{1}{2x}$

(12) $y' = \dfrac{3}{(3x+1)\log_e 10}$

解説 (5) $y = (\cos x)^{-1}$ と変形して，$u = \cos x$ と置くと，$y = u^{-1}$．$\dfrac{dy}{du} = -u^{-2}, \dfrac{du}{dx} = -\sin x$．
(9) $u = e^x$ として $y = u^5$ とするか，$y = e^{5x}$ と変形して $u = 5x$ と置く．どちらでも同じ解が得られる．
(11) $u = \sqrt{x}$ と置くか，$y = \log_e x^{\frac{1}{2}} = \dfrac{1}{2}\log_e x$ と変形して微分する．

1411 (1) $y' = \dfrac{1}{\cos^2 x}$ (2) $y' = -\dfrac{3}{x^4}$
(3) $y' = 1 - \dfrac{1}{x^2}$

解説 これらは与えられた式を適切に変形すれば，商の微分法を用いなくても微分できる．以下のように変形する方法でも y' を求めてみよ．
(1) $y = \tan x$ (2) $y = x^{-3}$ (3) $y = x - 1 + \dfrac{1}{x}$

1412 (1) $y' = -x \sin x$

(2)

x	0	$\cdots$	π	$\cdots$	2π
y'	0	$-$	0	$+$	0
y	0	↘	$1-\pi$	↗	$2\pi-1$

(3) 最大値 $2\pi - 1$，最小値 $1 - \pi$

解説 (2) $y' = 0$ とすると，$x = 0, \sin x = 0$．これらを満たす x は $x = 0, \pi, 2\pi$．(3) 最大・最小を求める場合はグラフを描くのが基本だが，増減表を読み取って求めることもできる．この例では $0 \leqq x \leqq 2\pi$ において，$y = 0$ から最小値 $y = 1-\pi$ まで減少してから $y = 2\pi - 1$ まで増加することが増減表だけでわかる．

1413 最大値 $\dfrac{1}{2e}$

解説 $y' = \dfrac{1 - 2\log_e x}{x^3}$ だから，$y' = 0$ となるのは $1 - 2\log_e x = 0$．よって $x = e^{\frac{1}{2}} = \sqrt{e}$．増減表を書くと次のようになる．

x	0	$\cdots$	$\sqrt{e}$	$\cdots$
y'		$+$	0	$-$
y		↗	$\dfrac{1}{2e}$	↘

この増減表から，最大値は $x = \sqrt{e}$ のとき得られる．

第 15 章

1501 (1) $\frac{1}{4}x^4+C$ (2) x^3+C (3) $\frac{1}{3}x^3-x+C$
(4) $\frac{1}{4}x^4+\frac{1}{3}x^3+\frac{1}{2}x^2-3x+C$

1502 (1) 60 (2) 16 (3) 60 (4) $-\frac{23}{12}$

1503 (1) グラフは下図. $S=14$
(2) グラフは下図. $S=20$
(3) グラフは下図. $S=21$
(4) グラフは下図. $S=21$

(1)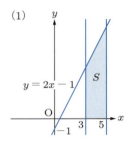

(2)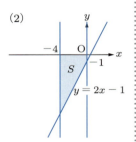

(3)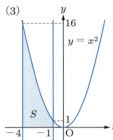

(4)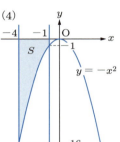

1504 (1) $\frac{3}{4}x^{\frac{4}{3}}+C\left(=\frac{3}{4}x\sqrt[3]{x}+C\right)$
(2) $2x^{\frac{1}{2}}+C\,(=2\sqrt{x}+C)$
(3) $\frac{14}{3}$ (4) $\frac{21}{2}$ (5) 1

1505 (1) $\sin x+C$ (2) $\tan x+C$ (3) e^x+C
(4) $\frac{5^x}{\log_e 5}+C$ (5) $\frac{2-\sqrt{3}}{2}$ (6) 1 (7) e^3-1
(8) $\frac{100}{\log_e 5}$

1506 (1) $\frac{1}{5}x^5+C$ (2) x^4+C (3) $\frac{x^3}{6}+C$
(4) $5x^2+C$ (5) $250x+C$ (6) x^3+x^2+x+C
(7) $\frac{1}{3}x^3-x^2+x+C$ (8) $\frac{1}{3}x^3+\frac{1}{2}x^2-2x+C$
解説 (7)(8) 展開してから積分する.

1507 (1) $-x^3+x^2-x+C$ (2) $C=5$
解説 (2) $f(x)$ の式に $x=0$ を代入すると 5 になるから, $f(0)=-0^3+0^2-0+C=5$.

1508 (1) $\frac{33}{5}$ (2) 8 (3) 9 (4) $-\frac{284}{3}$ (5) 29
(6) 18

1509 (1) グラフは下図. $S=\frac{15}{2}$
(2) グラフは下図. $S=\frac{28}{3}$
(3) グラフは下図. $S=4$
(4) グラフは下図. $S=26$

(1)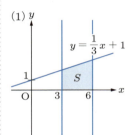

(2)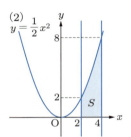

(3)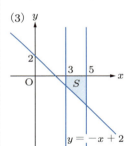

(4)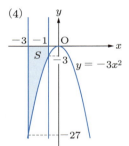

1510 (1) $\frac{4}{5}x^{\frac{5}{4}}+C\left(=\frac{4}{5}x\sqrt[4]{x}+C\right)$
(2) $-x^{-1}+C\left(=-\frac{1}{x}+C\right)$
(3) $\frac{3}{2}x^{\frac{2}{3}}+C\left(=\frac{3}{2}\sqrt[3]{x^2}+C\right)$ (4) $\frac{726}{5}$ (5) 1
(6) $3\log_e 2+3$
解説 (4) 定積分の計算中に $27^{\frac{5}{3}}$ を計算する必要がある. これは, $\left(27^{\frac{1}{3}}\right)^5$ と変形して, $27^{\frac{1}{3}}=\sqrt[3]{27}=3$ であるから 3^5 として計算できる.

1511 (1) $-2\cos x+C$ (2) $3\tan x+C$
(3) $5e^x+C$ (4) $2\cdot\frac{2^x}{\log_e 2}+C\left(=\frac{2^{x+1}}{\log_e 2}+C\right)$
(5) $\frac{1}{2}$ (6) $\frac{1}{2}$ (7) e^2-e (8) $\frac{8}{\log_e 3}$

解説 (4) $2^{x+1} = 2 \times 2^x$ だから, $2 \displaystyle\int 2^x\, dx$.

1512 (1) $\alpha = -\sqrt{3}$, $\beta = \sqrt{3}$ (2) $S = \dfrac{9}{4}$

解説 (1) x 軸との交点 x 座標は, $x^3 - 3x = 0$ の解である. 左辺は $x\left(x^2 - 3\right) = 0$ と因数分解できるから, $x = 0$, $x^2 = 3$. (2) $S = \displaystyle\int_{-\sqrt{3}}^{0}\left(x^3 - 3x\right) dx$.

第 16 章

1601 (1) $3\sin\dfrac{x}{3} + C$ (2) $\dfrac{1}{2}\tan 2x + C$

(3) $\dfrac{1}{2}e^{2x} + C$ (4) $-\dfrac{1}{4}\cos\left(4x + \pi\right) + C$

1602 (1) $\dfrac{3\sqrt{3}}{2}$ (2) $\dfrac{1}{2}$ (3) $\dfrac{1}{2}\left(e^4 - e^2\right)$

(4) $\dfrac{1}{2}$

1603 (1) $x\sin x + \cos x + C$

(2) $xe^x - e^x + C$ (3) $\dfrac{1}{2}x^2\log_e x - \dfrac{1}{4}x^2 + C$

1604 (1) -2 (2) e^2 (3) $\dfrac{9}{2}\log_e 3 - 2$

解説 f と g' の選び方は, **1603** の問題を参照.

1605 (1) $\dfrac{16}{3}$ (2) 0 (3) 0 (4) 16 (5) 0

解説 (2) 第 2 項に上端・下端の交換を適用すれば,

$$\int_1^2 \left(x^3 + 4x\right) dx + \int_2^1 \left(x^3 + 4x\right) dx$$
$$= \int_1^2 \left(x^3 + 4x\right) dx - \int_1^2 \left(x^3 + 4x\right) dx = 0.$$

(4) $3x^2$ は偶関数なので, $2\displaystyle\int_0^2 3x^2 dx$.

(5) x^3 は奇関数.

1606 (1) $\dfrac{1}{4}\left(x-1\right)^4 + C$ (2) $\dfrac{1}{10}\left(2x+1\right)^5 + C$

(3) $-\dfrac{1}{x-3} + C$ (4) $\dfrac{2}{3}\left(x-2\right)^{\frac{3}{2}} + C$

(5) $-2\cos\left(\dfrac{x}{2}\right) + C$ (6) $-\dfrac{1}{3}\sin\left(\pi - 3x\right) + C$

(7) $\dfrac{1}{3}e^{3x-1} + C$ (8) $\dfrac{5^{2x-1}}{2\log_e 5} + C$

1607 (1) $dx = -\dfrac{1}{\sin x} dt$ (2) $-\displaystyle\int \dfrac{1}{t} dt$

(3) $-\log_e |t| + C$ (4) $-\log_e |\cos x| + C$

解説 (2)

$$\int \frac{\sin x}{\cos x} dx = \int \frac{\sin x}{t}\left(-\frac{1}{\sin x} dt\right) = -\int \frac{1}{t} dt.$$

1608 (1) 1 (2) $\dfrac{1}{2}$ (3) $4\sqrt{2}$ (4) $\dfrac{e^4 - e^2}{2}$

解説 置換した t と置換後の積分は以下のとおり.

(1) $t = 3x - 1$, $\displaystyle\int_{-1}^{2} t^2 \left(\dfrac{1}{3} dt\right)$.

(2) $t = 2x$, $\displaystyle\int_{0}^{\frac{\pi}{2}} \left(\sin t\right)\left(\dfrac{1}{2} dt\right)$.

(3) $t = \dfrac{x}{4}$, $\displaystyle\int_{-\frac{\pi}{4}}^{\frac{\pi}{4}} \left(\cos t\right)\left(4\, dt\right)$.

(4) $t = 2x$, $\displaystyle\int_{2}^{4} e^t \left(\dfrac{1}{2} dt\right)$.

1609 (1) $-3x\cos x + 3\sin x + C$

(2) $\dfrac{1}{5}x\tan x + \dfrac{1}{5}\log_e |\cos x| + C$

(3) $x \cdot \dfrac{2^x}{\log_e 2} - \dfrac{2^x}{(\log_e 2)^2} + C$

(4) $\dfrac{1}{3}x^3\log_e x - \dfrac{1}{9}x^3 + C$

解説 (2) $f = \dfrac{x}{5}$, $g' = \dfrac{1}{\cos^2 x}$.

(3) $f = x$, $g' = 2^x$. (4) $f = \log_e x$, $g' = x^2$.

1610 (1) $x \cdot \log_e x - \displaystyle\int \dfrac{1}{x} \cdot x\, dx$

(2) $x \cdot \log_e x - x + C$

解説 (1)

$f = \log_e x$	$g = x$
$f' = \dfrac{1}{x}$	$g' = 1$

1611 (1) $-x^2 \cdot \cos x + 2x \cdot \sin x + 2\cos x + C$

(2) $x^2 \cdot e^x - 2x \cdot e^x + 2e^x + C$

解説 1 回部分積分した後の式は以下のとおり.

(1) $-x^2\cos x + \displaystyle\int 2x\cos x\, dx$.

(2) $x^2 e^x - \displaystyle\int 2xe^x\, dx$.

1612 (1) 0 (2) 0 (3) $e^4 - 1$

解説 (3)

$$\int_0^1 e^x dx + \int_1^2 e^x dx - \int_3^2 e^x dx - \int_4^3 e^x dx$$
$$= \int_0^1 e^x dx + \int_1^2 e^x dx + \int_2^3 e^x dx + \int_3^4 e^x dx$$

演習問題解答 **147**

$= \int_0^4 e^x \, dx.$

1613 (1) 偶関数，16　(2) 奇関数，0

第 17 章

1701　(1) ① $(x, y) = (4, -5)$
② $(x, y) = (5, -3)$　③ $(x, y) = (3, 2)$
(2) ① $4 - 2i$　② $6 + 4i$　③ $\dfrac{-5-4i}{2}$　④ $\dfrac{13-11i}{10}$

1702　(1) ① 5　② 13　③ 17　④ 6
(2) $\overline{\alpha - \beta} = 1 - 4i, \overline{\alpha\beta} = 9 + 7i$

1703

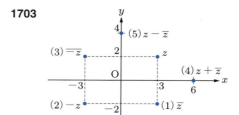

1704　(1)

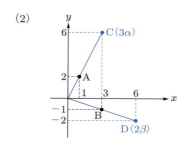

(2)

(3)

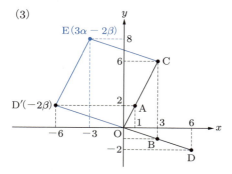

1705　(1) 絶対値 2，偏角 $300°$，
$z = 2(\cos 300° + i \sin 300°)$
(2) 絶対値 $2\sqrt{2}$，偏角 $135°$，
$z = 2\sqrt{2}(\cos 135° + i \sin 135°)$
(3) 絶対値 2，偏角 $270°$，
$z = 2(\cos 270° + i \sin 270°)$

1706　(1) $4(\cos 90° + i \sin 90°)$
(2) $4(\cos 150° + i \sin 150°)$
(3) $3\sqrt{2}(\cos 45° + i \sin 45°)$
(4) $6(\cos 135° + i \sin 135°)$

1707　(1) -1　(2) $4\sqrt{3} + 4i$　(3) i　(4) $-32i$
(5) $-8 + 8\sqrt{3}i$　(6) $-\dfrac{81}{2} + \dfrac{81\sqrt{3}}{2}i$

【解説】(6) $\left(\dfrac{3 - \sqrt{3}i}{2}\right)^8 = \left(\dfrac{3}{2} - \dfrac{\sqrt{3}}{2}i\right)^8$
$= \{\sqrt{3}(\cos 330° + i \sin 330°)\}^8.$

1708　(1) $(x, y) = \left(\dfrac{1}{3}, -2\right)$
(2) $(x, y) = \left(\dfrac{1}{2}, 5\right)$　(3) $(x, y) = (1, -2)$
(4) $(x, y) = (1, 1)$　(5) $(x, y) = (4, 4)$

1709　(1) $\dfrac{2+i}{5}$　(2) $\dfrac{1-i}{2}$　(3) $\dfrac{7-17i}{26}$
(4) $\dfrac{1-3i}{5}$　(5) $\dfrac{5+i}{13}$

1710　(1) 7　(2) 3　(3) 5　(4) 3

1711　(1) $\overline{\alpha} = -5 - 2i$　(2) $\overline{\beta} = 4 + 3i$
(3) $\overline{\alpha + \beta} = -1 + i$　(4) $\overline{\alpha - \beta} = -9 - 5i$
(5) $\overline{\alpha\beta} = -14 - 23i$　(6) $\alpha\overline{\beta} + \overline{\alpha}\beta = -52$

1712

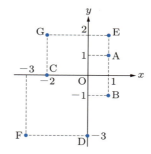

1713

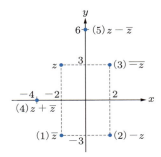

1714

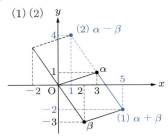

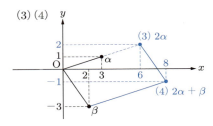

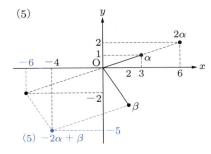

1715 (1) $\sqrt{2}(\cos 45° + i\sin 45°)$
(2) $\sqrt{2}(\cos 315° + i\sin 315°)$
(3) $2(\cos 120° + i\sin 120°)$
(4) $5\sqrt{2}(\cos 225° + i\sin 225°)$
(5) $4(\cos 30° + i\sin 30°)$

1716 $-\dfrac{\sqrt{2}}{2} + \dfrac{3\sqrt{2}}{2}i$

解説 $(\cos 135° + i\sin 135°)(2 - i)$.

1717 (1) $\alpha = 2(\cos 330° + i\sin 330°)$
(2) 点 B を原点 O の周りに 330° だけ回転移動したうえで OA を 2 倍に拡大した点.

1718 (1) $8 - 8\sqrt{3}i$ (2) -64 (3) $\dfrac{1}{2} + \dfrac{\sqrt{3}}{2}i$

解説 与式を極形式で表すと,以下のようになる.
(2) $\{2(\cos 150° + i\sin 150°)\}^6$.
(3) $(\cos 300° + i\sin 300°)^5$.

1719 (1) $-\dfrac{3\sqrt{3}+1}{2} + \dfrac{\sqrt{3}-3}{2}i$
(2) $(2 - 3\sqrt{3}) - (2\sqrt{3} + 3)i$

解説 (1) $(\cos 30° + i\sin 30°)(-3 + i)$.
(2) $2(2 - 3i)\{\cos(-60°) + i\sin(-60°)\}$.

演習問題解答 **149**

さくいん

Index

■英数字

2重根号　74
2倍角の公式　74
SI　82

■あ 行

移項　14
一鋭角相等　52
一次関数　44
一次方程式　14, 16
一般角　75
因数　25
因数分解　26
因数分解の公式　26, 27
鋭角　50
円周角　60
円周の長さ　60
円の面積　60

■か 行

外角　50
外接円　70
回転移動　123
解の公式　36, 38
ガウス平面　120
加減法　20
片対数グラフ　88
傾き　44
加法定理　72
関数　43
完全平方式　36, 38
奇関数　116
逆数　12
逆比例　43
共通因数　25
共役複素数　118
極形式　122
極限値　90
極小　101
極小値　101
極大　101
極大値　101
極値　101

虚軸　120
虚数　39
虚数解　40
虚数単位　39, 118
虚部　118
偶関数　116
組立単位　82
係数　3
弦　60
原始関数　106
原点　42
弧　60
項　4
合成関数　102
勾配　44
公約数　24
国際単位系　82
弧度法　62
弧の長さ　62
根号　30

■さ 行

最大公約数　24
錯角　52
座標　42
座標軸　42
座標平面　42
三角関数の極限　95
三角比　54
三角方程式　66
三平方の定理　50
四角形の内角の和　135
式どうしの引き算　20
指数　2, 78
次数　3
指数関数　81
指数の底　80
指数方程式　80
自然対数　96
実軸　120
実数　30
実部　118
斜辺　50
重解　40

周期　76
周期関数　76
純虚数　118
商の微分法　104
乗法公式　9, 10
常用対数　88
真数　84
真数条件　84, 141
数学的帰納法　124
正弦　54
正弦定理　70
整式　4
正接　54
正の角　75
正比例　43
積の極形式　123
積の微分法　104
積分区間の変換　113
積分定数　106
接線の傾き　98
接線の方程式　98
接点　98
接頭辞　82
切片　44
漸近線　81
素因数分解　24
双曲線　43
増減表　99
相似　52
素数　24

■た 行

対数　84
対数関数　87
対数グラフ　88
対数軸　88
対数方程式　86
対頂角　52
代入法　18
対辺　70
互いに素　24
多項式　4
多項式の次数　4
たすき掛け　27

単位円　　64
単項式　　3
置換積分法　　112
中心角　　60
頂点　　46
直角　　50
直角三角形　　50
直交座標軸　　42
底　　84
定義域　　87
定数項　　4
定積分　　107
底の変換公式　　85
展開　　5, 8
同位角　　52
導関数　　92
等式　　14
同類項　　4
度数法　　62
ド・モアブルの定理　　124
鈍角　　50
鈍角の三角比　　64

■な 行

内角　　50
内角の和　　50
内接四角形　　68

二次関数　　46
二次方程式　　36
ネイピア数　　96

■は 行

はさみうち　　95
半角の公式　　74
反比例　　43
繁分数　　6
判別式　　40
比の値　　16
微分係数　　91
複素数　　118
複素数の絶対値　　119
複素数平面　　120
不定積分　　106
負の角　　75
部分積分法　　114
分配法則　　5
分母の有理化　　34, 118
分母をはらう　　20, 37
平均変化率　　91
平行線の性質　　52
平方完成　　46
平方根　　30, 79
平方数　　31
偏角　　122

変化の割合　　44
方程式　　14
放物線　　46

■ま 行

未知数　　14
無限大　　90
無理数　　30

■や 行

約数　　24
約分　　12
有理数　　30
余弦　　54
余弦定理　　71

■ら 行

ライプニッツ表記　　102
ラジアン　　62
立方根　　79
両対数グラフ　　88
累乗　　78
累乗根　　79
ルート　　30
連立方程式　　18

著者略歴
中野友裕（なかの・ともひろ）
1971 年　静岡県浜松市に生まれる
1995 年　名古屋大学工学部土木工学科卒業
2003 年　博士（工学）（名古屋大学）
2023 年　西日本工業大学工学部教授
　　　　　現在に至る

大学 1 年生のための基礎数学

2025 年 3 月 21 日　第 1 版第 1 刷発行

著者　　　中野友裕

編集担当　菅野蓮華（森北出版）
編集責任　宮地亮介（森北出版）
組版　　　ウルス
印刷　　　シナノ印刷
製本　　　　同

発行者　　森北博巳
発行所　　森北出版株式会社
　　　　　〒102-0071　東京都千代田区富士見 1-4-11
　　　　　03-3265-8342（営業・宣伝マネジメント部）
　　　　　https://www.morikita.co.jp/

© Tomohiro Nakano, 2025
Printed in Japan
ISBN978-4-627-05501-8